细颗粒物暴露对
运动的急性毒理作用

李峰 著

西安交通大学出版社
XI'AN JIAOTONG UNIVERSITY PRESS

图书在版编目(CIP)数据

细颗粒物暴露对运动的急性毒理作用 / 李峰著. —
西安：西安交通大学出版社，2023.11
ISBN 978-7-5693-3410-4

Ⅰ. ①细… Ⅱ. ①李… Ⅲ. ①可吸入颗粒物－环境
毒理学－研究－中国 Ⅳ. ①X513

中国国家版本馆 CIP 数据核字(2023)第 163834 号

书　　名	细颗粒物暴露对运动的急性毒理作用
	XIKELIWU BAOLU DUI YUNDONG DE JIXING DULI ZUOYONG
著　　者	李　峰
责任编辑	史菲菲
责任校对	柳　晨
装帧设计	伍　胜
出版发行	西安交通大学出版社
	（西安市兴庆南路 1 号　邮政编码 710048）
网　　址	http://www.xjtupress.com
电　　话	(029)82668357　82667874(市场营销中心)
	(029)82668315(总编办)
传　　真	(029)82668280
印　　刷	西安日报社印务中心
开　　本	700mm×1000mm　1/16　**印张** 12.5　**字数** 157 千字
版次印次	2023 年 11 月第 1 版　2023 年 11 月第 1 次印刷
书　　号	ISBN 978-7-5693-3410-4
定　　价	80.00 元

如发现印装质量问题,请与本社市场营销中心联系。
订购热线:(029)82665248　(029)82667874
投稿热线:(029)82665379
读者信箱:511945393@qq.com

序 言

　　细颗粒物作为复合型大气污染环境中的主要污染物,具有粒径小、危害性大、比表面积大、累积性强、在空气中停留时间长、输送距离远等特点。大气细颗粒物的环境行为和健康效应与其物理化学性质有关,例如数量浓度、质量浓度、粒径分布和化学组分等。细颗粒物中所含的无机、有机成分会引起机体不良的生理生化反应,对机体健康造成一定的损害。

　　随着对大气颗粒物的深入研究和人们健康意识的增强,关于细颗粒物对运动人体健康风险评价的研究也日趋增多。细颗粒物的暴露浓度、暴露时间、暴露频率对运动的持续时间、运动强度和运动量的限制作用都直接与细颗粒物在体内的累积量有关。沉积率与呼吸频率、呼吸量成正比,呼吸频率、呼吸量值越大,沉积率的值就越高,污染效应就越大。长期在空气污染的环境中进行体育运动,会加剧细颗粒物对人体的伤害,使人体面临更大的健康风险。而通过何种方式减缓细颗粒物带来的危害以及研究细颗粒物浓度与机体反应之间的关系,可以为进一步认识细颗粒物的环境健康效应提供实验依据。

　　在影响运动参与者身体健康的诸多外部环境因素中,运动场地空气质量的好坏对运动水平的发挥、运动能力的体现、运动后的恢复及人体的健康水平起着重要的作用。特别是在体育馆内,由于空间相对封闭,因此空气中各种生物、物理、化学污染因子会发生不稳定性变化。同时,在体育馆中观众一般处于相对静止状态,而运动人员则因不同的体育项目而具有不同的运动量和运动强度,新陈代谢速率较高。而氧与人体的能量代谢密切相关，氧气含量的降低会导致运动员通过增加肺通气量来获取更多的氧，但是随着呼吸频率的增加，被吸入的有毒颗粒物也会增多。细颗粒物可以通过多种途径进入生物体内，在体内产生含氧自由基等活性氧物质，并通过多种信号通路及酶反应引起氧化应激，造成生物体内的脂质过氧化、蛋白质损伤、酶失活等。尤其是在运动的状态下，由于呼吸方式改变、呼吸频率增加、肺扩散能力增强，机体吸入更多的细颗粒物，并且随着血液循环进入身体各组织中，对运动时各系统、组织、器官具有较强的损害效应。

本书主要涉及环境毒理学、运动生物化学、运动医学等学科的内容，利用毒理学和运动生物化学的方法研究运动环境中细颗粒物对机体健康的影响及其机理。主要内容是研究运动环境中细颗粒物对运动状态下及运动后机体可能发生的生物效应及作用机理；利用相应的分析手段，探明细颗粒物作用于机体后出现的行为学、生物化学指标变化的趋势，定量评定细颗粒物对机体运动的影响，确定其剂量与效应或剂量-反应关系，阐明细颗粒物对机体毒性作用的发生、发展和消除的各种条件和机理，为制定运动环境卫生标准、运动环境监测、运动健身指导工作提供科学依据。

锌-金属硫蛋白（Zn-MT）作为一种非金属硫蛋白，具有预测生物体受重金属暴露的状况和重金属的污染压力、重金属解毒、增强机体的应激能力等功能。对于细颗粒物暴露环境下的机体来说，可以通过 Zn-MT 对各指标影响的变化评估 Zn-MT 对细颗粒物毒性的拮抗作用，同时对于针对污染特点进行预防性的环境管理和运动环境的污染因子监控等具有可操作性的现实意义。

运动恢复是指机体在承受各种负荷后用各种科学的手段与方法尽快消除疲劳，以期产生最大的超量恢复效果，承担随后更大的训练负荷，从而提高运动员的竞技能力和运动成绩的体育实践活动。训练负荷与运动恢复始终是运动训练过程中两个紧密相连的过程，是决定训练成效的两个基本因素,加速机体恢复是采用大运动量训练的重要前提和依据。

细颗粒物对运动状态下机体的影响是综合的、复杂的,目前有关细颗粒物对人体健康危害性的研究,主要是人群流行病学调查和一些静态机能指标的检测。本书在前人研究的基础上,主要采用气管滴注的方法,给予大鼠不同浓度细颗粒物悬液进行染毒,探究运动状态下细颗粒物暴露-机体反应之间的关系;通过补充 Zn-MT 及 24 小时自然恢复,试图从心肺功能-神经系统-免疫系统-氧化、抗氧化系统-内分泌系统-能量供应系统等整体水平,探讨细颗粒物对运动状态下机体健康影响的评价及致病机制。

本书分为八章。

第一章主要阐述细颗粒物的特征及其健康效应,金属硫蛋白在环境健康领域的应用,本书的主要内容与研究方法、实施方案和技术路线。

第二章主要介绍本书研究所涉及的运动方案制订、细颗粒物制备及指标测试。

第三章主要研究细颗粒物暴露及补充 Zn-MT 对运动大鼠行为学的影响,根据大鼠行为学表现进行卒中和神经病学症状评分,探讨环境、运动、Zn-MT 与行为学的多维关系,进而探明彼此间相互作用的机制。

第四章主要研究细颗粒物对运动大鼠各组织抗氧化指标活性及自由基含量的影响,同时通过研究补充 Zn-MT 和运动后自然恢复 24 小时对细颗粒物毒性的拮抗作用,为揭示细颗粒物对运动机体的氧化毒性作用机制及缓解措施提供更进一步的实验参考。

第五章主要研究细颗粒物对运动机体免疫系统的影响及其机制,同时针对补充 Zn-MT 及 24 小时自然恢复对免疫系统的修复作用进行研究,可以拓宽运动环境免疫学的研究范围,也可以进一步解释细颗粒物对生物体致炎作用的机制是否与细胞因子的表达水平失调有关。

第六章主要研究运动及不同浓度滴注细颗粒物后机体糖代谢限速酶的变化特点和规律，可以为研究细颗粒物污染对机体代谢、供能相关的生物损害效应及其机制提供参考。

第七章主要通过建立细颗粒物暴露及补充 Zn-MT 的运动模型，来观察运动过程中及运动后恢复一段时间大鼠血清离子、内分泌功能等指标的变化，研究细颗粒物及补充 Zn-MT 对运动大鼠血清离子和部分激素指标的影响，以期为研究环境污染、Zn-MT 及训练负荷与血清离子、激素之间关系的变化提供研究基础。

第八章对本书的结论、创新点及未来研究方向进行了总结。

在本书的编著过程中，得到西安建筑科技大学由文华教授、何立副教授、杨华薇副教授的悉心指导，获得西安建筑科技大学体育学院的专项资金支持，笔者在此对以上专家和学院表示衷心的感谢。

由于笔者水平有限，书中难免出现纰漏，敬请广大读者不吝指正。

李　峰

2023 年 6 月

目　录

第一章

细颗粒物及金属硫蛋白概述

第一节 细颗粒物的来源、组成、传播特性、暴露方法及转归

大气颗粒物(atmospheric particulate matters)是大气中存在的各种固态和液态颗粒状物质的总称。各种颗粒状物质均匀地分散在空气中构成一个相对稳定的庞大的悬浮体系,即气溶胶体系,因此大气颗粒物也称为大气气溶胶(atmospheric aerosols)。颗粒物的大小、形状、性质各异,可以依据其来源、粒径、形成特征、形成机制、化学组成、测量方法和研究目的等进行分类和描述。根据空气动力学直径的大小,大气颗粒物可分为:① 总悬浮颗粒物(total suspended particulate,TSP,粒径$\leqslant$100 μm),是指空气动力学直径小于等于100 μm的悬浮颗粒物,是大气质量评价中一个重要的污染指标;②可吸入颗粒物(inhalable particulate matter,PM_{10},粒径$\leqslant$10 μm),是指分散在大气中的空气动力学直径小于等于10 μm的固态或液态状颗粒物质;③细颗粒物(fine particulate matter,$PM_{2.5}$,粒径$\leqslant$2.5 μm),是指悬浮在空气中,空气动力学直径小于等于2.5 μm的颗粒物,由于其空气动力学直径小、数量多、沉降速度慢、传播距离远、比表面积大,可

为一些化学物质、细菌、病毒提供附着载体，能够进入人体的肺泡组织，因此又称为可入肺颗粒物；④超细颗粒物（ultrafine particle, UFPs，粒径≤0.1 μm）。颗粒物的粒径大小决定了其在空气中的稳定性，如粒径大于 10 μm 的固体颗粒物由于自身重力作用能很快沉降下来，而小于这一直径的粉尘可长时间漂浮在大气中。

细颗粒物是大气环境中危害较大的污染物之一，细颗粒物本身含有许多有毒有害的物质。研究表明，大气细颗粒物是导致人类死亡率上升的重要原因之一，同时也是导致全球气候变化、烟雾事件、臭氧层破坏等重大环境问题的重要因素。目前，细颗粒物污染是全国各大中型城市大气污染的首要问题。在空气污染的环境中进行运动，由于运动时肺通气量的大幅增加，吸入体内污染物数量也必然增多，因此运动者会出现嗓干、胸闷、恶心等短期症状和呼吸系统功能下降以及病变等长期症状，对运动者的健康和运动能力造成诸多不利的影响[1]。

体育场馆内环境相对于大自然环境来说，属于具有特定地点、特定体育建筑、特定场地、特定气候因素要求的微环境，而这种微环境是由物理的、化学的、生物的、人文的等多种因素组成的一个系统，是与体育相关的人和体育环境相互作用形成的一个生态网络结构。其核心结构是运动环境中空气因子的质量因素，核心层之外是运动对象的行为方式及特征，第三层是微环境的本体结构和限定范围内的体育场地、器材、设施所构成的污染物散发网络。而细颗粒物作为污染危害更为严重的污染因子，研究其对运动参与者健康的影响是当前亟待研究的问题。

一、大气中细颗粒物的主要来源

我国区域性大气灰霾污染问题日益突出，已经严重影响到人们的身体健康、生态环境的保护和经济的可持续发展。大气细颗粒物已成为大多数城市的首要大气污染物,严重影响到城市可持续发展、生态环境和人体健康。有研究表明,其环境与健康效应显著,在大气中容易发生吸附、吸收、成核、凝聚、凝结、增长、蒸发、沉积和化学反应等作用,可以在过饱和水汽等条件下快速活化并且转化为液滴,成为云凝结核的潜在重要贡献者,对区域重霾污染爆发乃至全球气候变化具有重要影响。起初人们一直关注对直接排放一次颗粒物的研究,20 世纪 50 年代后期,研究的重点逐渐从 TSP 转向 PM_{10},而到了 90 年代后期,则又开始关注二次颗粒物的排放。鉴于细颗粒物对生态环境和人类健康的重要影响,现今关于大气颗粒物的研究主要集中在细颗粒物甚至是纳米颗粒物(nanoparticles,NPs)上。

　　大气颗粒物有自然和人为两种主要来源(见表 1-1)。自然源颗粒物主要指自然界中的各种物理化学过程和生物过程产生的颗粒物。自然源包括森林火灾、土壤扬尘、植物花粉、海盐等。除一次粒子外,排放到大气中的某些气体(主要是气态的氨气、氮氧化合物、二氧化硫等物质)经一系列复杂的气-粒反应转化而成的二次粒子(主要包括硫酸盐、硝酸盐、铵盐和可氧化的半挥发性有机物等)也是颗粒物的主要贡献因素。人为源颗粒物主要是指人类的生产生活活动产生的颗粒物。人为源包括农业源、工业源、电力源、交通源、民用生活源和生物质燃烧源等。例如,燃料的燃烧可以直接以固态形式排出一次粒子。

表 1-1　大气颗粒物主要来源[2]

单位:Tg/yr(10^6 metric tons/yr)

颗粒物来源	排放量	
	范围	最佳估计
自然源		
土壤尘	1000~3000	1500
海盐	1000~10000	1300

续表

颗粒物来源	排放量	
	范围	最佳估计
植物碎片	26～80	50
火山喷发	4～10000	30
森林火灾	3～150	20
气粒转化	100～260	180
光化学反应	40～200	60
自然源排放量总计	2200～24000	3100
人为源		
直接排放	50～160	120
气粒转化	260～460	330
光化学反应	5～25	10
人为源排放量总计	320～460	460

　　细颗粒物污染的形成机制很复杂,因排放、气象条件以及地形等差异而不同。气候和人为因素导致的道路扬尘、农田耕作、场地建筑施工、风蚀等地表扬尘也对环境细颗粒物有一定的贡献。在夏季,由于光照强,通过气-粒转化过程,汽车尾气和燃煤排放的大量污染气体可生成二次细颗粒物,占细颗粒物的比例甚至可达 $50\%～90\%$ [3]。细颗粒物可以深入并沉积在呼吸性细支气管和肺泡,其中更细小的成分甚至可以穿过肺间质,进入血液循环,对人体的健康产生影响。

　　从形成方式上看,细颗粒物按来源可分为两类,即一次细颗粒物和二次细颗粒物。一次细颗粒物是指由污染源直接排放的细颗粒物,具体来讲就是以固态形式直接释放的一次粒子或是在高温条件下以气态方式排放,在烟气稀释和冷凝的过程中形成的固态的一次可凝结粒子。而由大气中的污染物之间或污染组分与大气成分反应后所产生的细颗粒物被称为二次细颗粒物。

二、体育场馆中细颗粒物的来源

运动过程中空气质量的重要性众所周知，但体育场馆内空气污染近年来才引起人们的重视。随着人们对绿色体育的追求，体育场馆理念的革新也体现了绿色、健康的特点。对于一座现代化的体育馆，不但要求建筑形体美观大方，各种体育设施齐全完备，而且还要求舒适卫生的环境条件，即适合的室内空气温度、湿度、风速、新风量和噪声标准等。馆内的空气质量对人员的健康有着极其重要的影响，除了要满足观众区舒适外，还必须达到运动员和比赛项目要求的温度、湿度和风速。

作为大空间建筑的一种形式，现代体育馆的布局由单体建筑向综合性、相对集中的建筑群体发展，功能由单一功能转变为复合功能，因此场馆内的空气质量很大程度上会影响运动员的健康状况，尤其是在运动应激状态下，当馆内空气温度、湿度、风速、新风量、噪声及颗粒物含量超过了人体所能适应或正常的生理范围后，就会引起感觉不适，使运动能力下降，甚至会导致生理生化功能障碍。

物理污染、化学污染、生物污染、放射性污染是体育场馆内四大空气污染类型。相关的国家标准都对空气质量指标进行了规定和说明。《公共场所卫生指标及限值要求》(GB 37488—2019)规定了公共场所室内空气中的可吸入颗粒物浓度应≤0.15 mg/m³。另外，《室内空气质量标准》(GB/T 18883—2022)还规定了与引入新风有关的二氧化硫、二氧化氮、臭氧以及氨、苯系物、总挥发性有机化合物(TVOC)等污染物的允许浓度。《公共场所集中空调通风系统卫生规范》(WS 394—2012)规定了集中空调通风系统出风口的可吸入颗粒物应≤0.15 mg/m³。

随着生活水平的不断提高,人们对于绿色健康运动的意识也在逐步提升,与此同时人们对运动场馆空气质量的要求也越来越高。室内环境的空气质量会对人体机能产生一定的影响,尤其是长时间在封闭的运动场馆内进行高强度运动时将产生更大的影响。长时间的室内运动,人体会产生大量的二氧化碳和其他分泌物,这些物质随着场馆内运动人数的增加和运动时间的延续,逐步增多并降低场馆内的空气质量,影响运动人群的健康。

作为体育活动的重要场所——体育场馆,场馆内的空气环境是由颗粒物以及含有颗粒物的气体所组成的两相系统。天然来源(场馆外发生源)的颗粒物主要通过门窗等维护结构缝隙的渗透、机械通风及人员带入馆内,人在场馆内活动也可使累积存在的颗粒物产生二次扬尘而增加馆内颗粒物的浓度[4]。例如,体操馆内运动员的上下腾跃落地所荡起的灰尘,田径馆内运动员来回跑动时对地面污染物的扰动,球类馆内运动员的跑动以及球类落台、落地产生的灰尘等都是颗粒物来源。运动器械所产生的颗粒物来源主要是场地表面磨损、器械设备运行;另外有害物控制、清洁过程中以及室内污染物的化学反应、馆内建筑材料表面的挥发等也会增加馆内颗粒物的浓度。但是不同环境、不同地点、不同时间颗粒物的浓度及粒径分布波动很大[5],且馆内和馆外颗粒物相比,在时间上存在一定的滞后性[6]。馆内的颗粒物很多是二次颗粒物,可深入细支气管和肺泡而影响肺的通气功能,对运动能力和机体健康造成不利的影响。

体育场馆内颗粒物来源如图 1-1 所示。

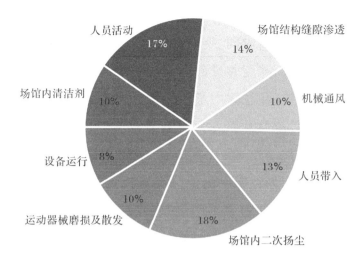

图 1-1 体育场馆内颗粒物来源

三、细颗粒物的主要成分

细颗粒物是成分复杂的混合物,其组分因不同的来源、地区、气候、季节、时间和空间而存在诸多差异。其中化学成分主要包含碳组分、水溶性离子和金属元素三大类(见图 1-2)。碳组分又包括有机碳(OC)、总碳(TC)和元素碳(EC),水溶性离子主要包含钠离子(Na^+)、钾离子(K^+)、镁离子(Mg^{2+})、钙离子(Ca^{2+})、氨根离子(NH_4^+)、氟离子(F^-)、氯离子(Cl^-)、硝酸根离子(NO_3^-)、硫酸根离子(SO_4^{2-}),金属元素主要包括常量元素和重金属元素[7],其中常量元素包含镁(Mg)、钠(Na)、铝(Al)、钙(Ca)、铁(Fe),重金属元素包含钛(Ti)、钒(V)、铬(Cr)、锰(Mn)、钴(Co)、镍(Ni)、铜(Cu)、锌(Zn)、砷(As)、锶(Sr)、镉(Cd)、铅(Pb)。不同组分的颗粒物对人体健康和大气能见度的影响亦不相同,这些影响还与化学成分在颗粒物内部和表面存在状态有关[8],因此了解细颗粒物的化学组成非常重要。受到季节、地域、大气之中的化学成分变化和传输等因素影响，细颗粒物的组成呈现出时间-空间的动态变化。除此之外，在细颗粒物污染中，富集倍数、浓度和成分之间存在相互影响关系。细颗粒物中的富集倍数是指细颗粒物中某一化学元素或化合物的浓度与该元素或化合物在背景空气中的浓度之比。研究发现，细颗粒物中的富集倍数最大，这可能与工业、交通排放、生物质燃烧等多种人为源排放有关。一方面，细颗粒物中的成分会影响其富集倍数。例如，某些化学元素或化合物可能更容易与细颗粒物结合，导致其富集倍数较高[9]。另一方面，细颗粒物的浓度和成分也会相互影响。高浓度的细颗粒物可能含有更多的化学成分，而这些成分可能又会促进细颗粒物的富集。总之，细颗粒物污染是一个复杂的问题，需要综合考虑多种因素进行治理。通过深入研究和探索有效的控制措施，可以减少细颗粒物对人类健康的影响。

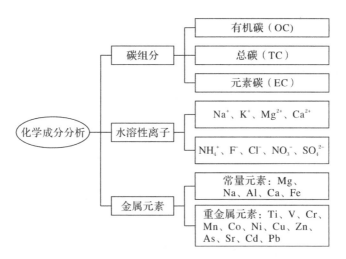

图 1-2　细颗粒物化学成分分析

四、体育场馆内细颗粒物的传播特性

1. 体育场馆内细颗粒物运动的规律和特点

（1）体育场馆本体结构的特殊性，使得馆内细颗粒物的运动受到风力的影响较小，和室外细颗粒物的运动相比，具有相对稳定性。

（2）运动时人员和器械的作用，使细颗粒物的运动呈现剧烈性变化，而当运动结束时，细颗粒物的运动又有长时间的趋缓性减弱。

（3）空气流动的影响：体育场馆内的空气流动会对细颗粒物的运动产生影响。例如，在通风良好的场馆中，空气流动会使细颗粒物向高处运动；而在空气静止的场馆中，细颗粒物会悬浮在空气中。

（4）重力的作用：由于细颗粒物的质量较小，重力对其影响较弱，因此在空气中，细颗粒物往往会呈现悬浮状态。然而，当细颗粒物与其他物体接触时，重力会对其产生影响，使其沉积到物体表面。

（5）粒径大小的影响：细颗粒物的粒径越小，其运动越容易受到空气流动的影响，同时，由于布朗运动的影响，小颗粒的运动速度也会更快。

（6）气溶胶的影响：在场馆内，除了细颗粒物外，还存在气溶胶。气溶胶的存在会影响细颗粒物的运动，使其更容易聚集在一起，形成更大的颗粒物。

（7）细颗粒物通过自身的沉降作用和二次悬浮作用在体育场馆内交替出现并累积等。

这些细颗粒物的运动行为对于场馆内细颗粒物的浓度分布和室内空气品质有着重要影响，如图1-3所示。

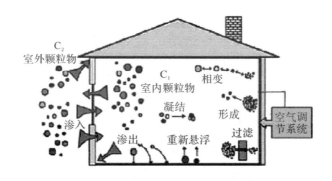

图 1-3　室内颗粒物运动特征示意图[10]

2.体育场馆内细颗粒物的沉降与传播

我国《室内空气质量标准》(GB/T 18883—2022)规定了室内可吸入颗粒物的 24 小时平均浓度≤0.010 mg/m³,细颗粒物的 24 小时平均浓度≤0.05 mg/m³。《环境空气质量标准》(GB 3095—2012)规定了细颗粒物的浓度限值:一级标准年平均浓度为 15 μg/m³,24 小时平均浓度为 35 μg/m³,二级标准年平均浓度为 35 μg/m³,24 小时平均浓度为 75 μg/m³。

体育场馆内的细颗粒物在空气的水平对流或紊流扰动的影响下,可以在空气内核区与边界层之间进行运动,同时细颗粒物沉降的传输控制也受到边界层的影响,因此沉降速率比较慢;而细颗粒物在传播过程中的某一点驻留的时间主要与细颗粒物的穿透力、沉降速率、再扬尘等有关[11]。由于体育场馆内细颗粒物浓度是由场馆位置、馆内外污染源和物化性质转换,以及室外背景浓度等时空变量决定的,因此体育场馆的建筑特性,如馆内通风气流、建筑墙体或者通风管道的缝隙、过滤器的效率、人员密度、馆内空气混合程度等,都是影响体育场馆内细颗粒物分布与传播特性的重要参数。

3.体育场馆内细颗粒物污染的特征

对于体育场馆内空气环境,长期以来,人们大都是从直观感觉入手,将加大场馆内通风量作为改善体育场馆内空气质量的方法。但近年来室外空气中的某些污染指标已超标。显然,这种情况下,直接引入的新风不仅不能起到稀释作用,而且还有可能会恶化体育场馆内的空气品质。馆外空气污染现状已成为影响馆内空气品质的重要因素之一。和室外环境污染比较,体育场馆内细颗粒物污染具有以下四方面的特征。

(1)累积性。体育场馆环境是相对封闭的空间,其细颗粒物污染的特征之一是具有累积性。场馆外进入的细颗粒物和场馆内各种污染源产生的细颗粒物相互叠加,导致细颗粒物浓度升高,且和室外相比,馆内通风系统的性能决定了细颗粒物的排除速率。体育场馆内的各种物品,包括建筑装饰材料、运动器械、场地涂层等都可以释放出一定的细颗粒物,加之排除速率缓慢而导致其浓度在体育场馆内逐渐累积,使污染物浓度增大,造成对人体的危害。

(2)长期性。由于细颗粒物的排除速率相对较慢,因此其在馆内的悬浮时间就长,即使浓度很低的细颗粒物,在长期作用于人体后,也会对人体健康产生不利影响。

(3)多样性。体育场馆内细颗粒物污染的多样性主要包括其来源的多样性、组成成分的多样性和浓度变化的多样性。

(4)复杂性。体育场馆内细颗粒物的浓度因季节变换、场馆位置、空间大小、空调风口的设置、送风形式、换气次数、室内壁面质地、馆内人员数量、运动项目、运动持续时间、器械的多少及运行频率的多少而不同,这些因素均增加了场馆内细颗粒物分布特征的复杂性。另外,由于细颗粒物暴露人群的范围广、人体暴露时间长、对健康损害机理复杂且阈值剂量尚不清楚,因此研究也具有复杂性。

五、细颗粒物的暴露方法

目前关于细颗粒物毒性实验研究所采用的暴露方法主要有三种[12]（见图 1 - 4）。

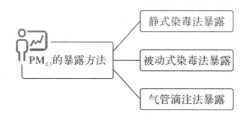

图 1 - 4　细颗粒物的暴露方法

（1）静式染毒法暴露：通过将实验所需的细颗粒物配成一定的浓度，然后加入具有一定容积的染毒柜（箱）内，从而使染毒柜内空气含有一定浓度细颗粒物，然后将实验大鼠在染毒柜内放置一定的时间，经过吸入一定量的细颗粒物而达到染毒的目的。此法主要适用于细颗粒物的短期暴露实验使用，并且染毒方法简便，但细颗粒物染毒浓度控制存在一定的困难，尤其是染毒柜内易出现细颗粒物浓度逐渐减少的问题。

（2）被动式染毒法暴露：通过机械通风将含有已设定浓度的细颗粒物连续不断地送入染毒柜内，同时通过排出等量的污染气体使染毒浓度保持相对稳定。这种方式的优点是不受染毒柜（箱）容积的限制，也可避免动物缺氧、二氧化碳积聚、温度增加等对实验结果的影响，故适用于较长时间以及反复染毒的实验。但设备昂贵，操作时需严格控制，有交叉污染的可能。

（3）气管滴注法暴露：将实验所配置的细颗粒物通过特定的器械注入气管内。由于染毒物的注入剂量容易控制，因此能准确控制毒物进入的量，避免交叉污染。此染毒法适用于建立急性中毒模型及化学物质对肺损伤模型的制备。细颗粒物可制备成生理盐水混悬液进行染毒,也可提取细颗粒物中的有害成分,再用提取物进行染毒。此方法操作需要一定的技术,因此操作不当会引起动物损伤。另外,此方法需在动物麻醉状态下进行,故适宜做急性实验。

六、细颗粒物进入人体的途径及在人体内的转归

近年来,大气污染物因对人体健康和大气环境质量的严重影响而引起了公众的极大关注,特别是大气中的细颗粒物。细颗粒物具有表面积大、密度小的特点,可长时间悬浮在空气中,极易通过呼吸系统进入呼吸深处并进一步在肺部沉积,甚至可透过气-血屏障进入血液循环系统,造成全身衍生性危害。大量的流行病学研究表明,细颗粒物会破坏呼吸系统和心血管系统的结构和功能,进一步增加肺癌、心血管疾病和神经系统疾病的发病率。呼吸摄入是颗粒物暴露的主要途径,肺作为人体与外部环境直接接触的唯一内脏器官,会与吸入的颗粒物全方位接触。故肺不仅是颗粒物进入人体的门户通道,也是受其危害的主要靶器官。因此,评估大气颗粒物暴露对肺健康的影响是极其有必要的。

在室外体育运动中,人体空气摄入量巨大,在空气质量良好的条件下能够确保人体的摄氧量,然而在空气质量不佳的条件下,不仅人体摄氧量不能得到保证,反而会吸入较多的污染成分。这些污染成分会对呼吸道、支气管、肺泡造成严重的负担,甚至损伤人体的呼吸系统和脏器。通过查阅文献资料,可以得出在室外运动的情况下,人体空气的摄入量为非运动情况下的 2 倍左右(不同性别、不同体质的人群各有不同),摄入空气总质量为 30~50 kg。然而,在空气质量不达标的状况下,有 30%~50% 的有害悬浮物会进入体内,绝大多数悬浮颗粒物会随着人体呼吸系统排出体外,可是还会有 1%~2% 直径小于 2 μm 的悬浮颗粒物沉积在肺组织内部。长时间处于空气质量不佳的条件下,必然会导致人体出现以肺组织纤维性病变为主的疾

病,影响人的呼吸质量。

颗粒物一旦进入肺泡区域,首先会与分布在肺泡气-液界面的肺表面活性物质(pulmonary surfactant,PS)直接接触。PS是一种具有特殊表面活性的脂蛋白复合物,其主要由Ⅱ型肺泡细胞合成和分泌。它以薄膜的形式覆盖于整个呼吸道的表面,在降低肺泡表面张力和宿主防御方面发挥着重要作用。通过将肺泡表面张力降低至接近零,PS可稳定肺泡防止塌陷,从而维持用于气体交换的巨大表面积。由此可见,PS是保障人体正常呼吸功能不可或缺的重要物质。与PS的相互作用决定了吸入颗粒物后续的清除、保留、迁移以及它们的潜在毒性,而颗粒物也可能吸附PS活性组分,改变其原有的结构和组成,导致肺功能的异常和呼吸系统疾病的发生。然而,细颗粒物暴露与肺功能下降之间的因果关系仍缺乏足够的物理和化学证据。鉴于对大气细颗粒物及其携带的有害组分对人体健康,特别是对呼吸系统的严重危害,且PS对正常肺功能和外源物质的体内转运、代谢转化和防御具有核心作用,弄清大气颗粒物及其携带的有害组分与PS的界面化学作用机制至关重要。

空气中的颗粒物会随着人们的呼吸进入口鼻,然后通过喉咙、气管、支气管,最后进入肺泡。一些颗粒物会通过肺泡内的气体交换进入人体血液。空气中的颗粒污染物进入人体后,会通过呼吸、进食和皮肤表面的毛孔(特别是通过呼吸)损害人体健康。人体的鼻腔只能阻挡超过 $10~\mu m$ 的空气颗粒污染物;小于 $7~\mu m$ 的颗粒污染物可以进入喉咙,但将被呼吸道阻挡;一般小于 $2.5~\mu m$ 的颗粒污染物会进入肺泡,并通过人体的血液交换进入血液循环,从而对其他器官造成损害(见图 $1-5$)。

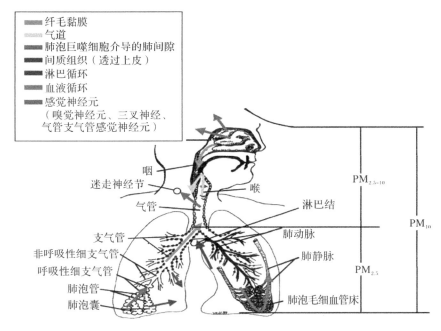

图 1-5　大气颗粒污染物进入人体途径示意图

通常情况下,在自然呼吸的过程中,颗粒、异物在经过上呼吸道的初级防御系统过滤和清洁作用后,有害物质基本被过滤和清除。但是由于细颗粒物粒径小,可以随着呼吸系统进入血液和人体组织内,从而到达身体的各个部位;而细颗粒物的大小、形态和组成与其对健康的影响紧密相关,特别是其粒径的大小决定了在呼吸系统的沉积部位。细颗粒物通过上呼吸道进入肺组织后,与肺组织细胞及组织液相互作用,实现其在体内的转归(见图 1-6):①细颗粒物被吸入人体后,其中一部分在重力的作用下沉积在黏膜上,另一部分直接撞击在黏膜上而被黏滞,并且在呼吸过程中,随着呼吸道黏膜进行规则的摆动,使纤毛顶部的黏膜层连同黏着的颗粒,朝着咽部推移,然后经口吐出;②细颗粒物通过上呼吸道的过滤系统,随着黏膜的摆动被肺泡巨噬细胞(AM)吞噬后穿过肺泡壁,一部分经过淋巴系统的免疫防护作用被清除,还有一部分由于其组分的不同长期滞留在肺组织中,从而形成病灶,引发人体整个范围的疾病;③进入肺泡的细颗粒物迅速被吸收,直接进入血液循环分布到全身,其中的有害气体、重金属等溶解在血液中,从而作用于其他器官[13]。

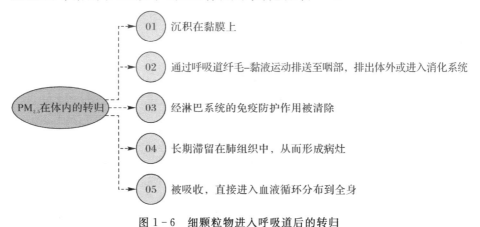

图 1-6　细颗粒物进入呼吸道后的转归

第二节　细颗粒物对机体健康的危害效应及评价方法

体育场馆内颗粒物的物理状态有固态和液态两种。但是不管是固态颗粒物还是液态颗粒物,都因其特殊的复杂孔洞这样的物理结构和吸附能力强的特点,成了众多有害细菌病毒最好的载体,并长时间地存在和悬浮于室内空气中。

大量流行病学研究发现,即使在低于空气质量标准的浓度下,污染水平的增高亦与呼吸道症状的发生、肺功能减退、心肺系统疾病的超额发病、死亡存在密切关联,这些效应尤其是在青少年、老年人及心肺疾病的易感人群中更为明显。总之,大气颗粒物对人体健康的影响主要表现在对人体呼吸系统、心血管系统和生殖系统的毒性与影响,细颗粒物对人体健康的危害性更大。

人体运动过程中需要摄入大量的氧气,而呼吸道则需要发挥巨大的作用。摄入的空气经过口鼻—咽喉—气管—支气管—肺(肺泡),进入血液,并最终维持人体运动所需的摄氧量。而在场馆内空气质量良好的条件下,人体呼吸系统并不会受到影响。可是,一旦场馆内空气质量不佳,含有的污染成分指数偏高,那么颗粒物就会穿过非纤毛气道(肺泡部分),滞留在支气管和肺泡之上,这样气管和支气管分支的气流会逐渐减慢,造成人体在运动过程中呼吸困难,还会造成肺部、气管和支气管病症的出现。场馆内体育运动对于空气质量的要求很高,在空气质量不佳的条件下开展场馆内体育运动会造成人体呼吸系统症状或相关疾病。

体育场馆内颗粒物的污染所带来的危害具有以下特征:①颗粒物影响因子多且变化多样,主要体现在颗粒物成分多变、颗粒物浓度随着不同的时段而不同、场馆中位置不同颗粒物的浓度也有所差异、颗粒物来源广等多方面,对运动机体的危害范围大;②场馆多为封闭或半封闭状态,与外界环境交换少,颗粒物扩散和稀释能力差,对人体的危害时间长;③场馆内暴露人群数量和年龄阶段变化、人员承受能力的差异导致了颗粒物对个体危害的差异性;④人体在颗粒物污染的环境中运动时暴露时间长、吸入的量大,危害也大;⑤颗粒物对运动人群健康损害机理复杂,阈值、剂量尚不清楚。场馆内环境中的绝大多数污染物都借助于空气传播,可以引起各种刺激症状和过敏反应,即不良建筑物综合征(SBS)、建筑物相关疾病(BRI)和多化学物质过敏症(MCS),通过人的呼吸和皮肤对人体造成危害。因此,如何针对这种污染的特殊性提出相应的应对措施是保证体育场馆内空气质量的关键。

一、细颗粒物毒理学研究概况

为了认识颗粒物及其化学组成对人体产生的健康效应的生物学机理,研究者主要针对以下两个问题开展了大量工作:①颗粒物影响人体健康的潜在机理是什么;②颗粒物中的哪种或哪些成分是人体健康效应的致病因子。第一个问题对解释流行病学研究所观察到的细颗粒物毒性的生物学机理非常重要;第二个问题不仅能够阐明可行性问题,而且有助于制订合适的控制策略。关于大气悬浮颗粒物与人体健康影响的相关性,在毒理学研究中已经形成了许多重要的成果。然而,到目前为止,不管是人体实验还是动物实验,都不足以解决大气悬浮颗粒物影响人体生理机能的毒理学机理。

1.在实际的毒理学研究中所面临的主要困难

(1)与颗粒物浓度增加相关的人体健康效应的增加非常小,难以用实验证实如此低概率事件的潜在机理。

(2)大气悬浮颗粒物与各种健康效应的相关性是在相当低的颗粒物浓度下的观察结果。为了克服统计缺陷,保证观测效应,一般要在高得多的浓度下进行实验。然而,这样的实验结果是否适用于典型的大气环境仍值得商榷。

(3)与颗粒物相关的许多重要的健康效应都是在易感人群中观察得到的,尤其是老年人和有心肺疾病史的人群。即使在受控条件下,在高度易感人群中从事颗粒物暴露实验,有违医学研究伦理。

(4)各种实验室动物具有与人体相似的生物学特征,可用实验研究替代人体研究,然后阐明研究结果对人的适用性。然而,用动物来进行这类统计学研究并不能直接应用于人体,要研究颗粒物暴露与人体相关的健康效应,仍然需要结合多种研究手段,在大量的统计数据基础上推断出适合人体的研究模型。此外,在流行病学研究中,主要是老年人群的发病率增加,而这种情形很难用实验室动物进行验证。

(5)利用具有类似疾病的实验动物做实验看起来是一个替代办法,然而,几乎没有实验动物具有心血管、呼吸道疾病患者的特征。这类疾病很多是由烟草烟雾引起的,这类有效的实验动物模型较难获得。

(6)目前为止,流行病学研究还没有确定颗粒物的致病因子。流行病学只能对空气中所测污染物和文献所记录健康效应的可能相关性进行研究。

2.国内颗粒物毒理学研究的局限性

目前,我国的研究者在进行颗粒物暴露和人体健康风险评价时多数采用的是美国环保局的参数,而针对中国居民健康暴露评价的参数相对较少,尤其是运动环境暴露参数目前还未见到。但是,由于美国人体育活动方式、所处环境、健身习惯等与中国居民差别很大,所以,我们作为参考时必然会产生很大误差。

我国目前针对颗粒物健康风险评价的研究主要可以概括为以下几点:①对颗粒物的健康风险评价大多数都是确定性分析,采用传统的单值点健康风险评价方法。②针对颗粒物暴露与健康风险的不确定性分析中,主要研究了暴露参数、模型变量、测量方案这三个方面,采用平均浓度、估测时间、估测体重等作为模型输入变量,但是这些指标的有限性在一定程度上降低了中国运动群体颗粒物暴露对健康风险评价的准确性。③针对群体颗粒物健康风险评价时采用的研究方法相对简单,对评价过程中的研究对象、运动环境、天气变化等不确定性因素考虑较少。④对大气颗粒物污染的研究资料仅限于少数几个大中城市,缺少全国范围内大气颗粒物污染与健康关系的研究;流行病学研究类型大多为时间序列分析和地区间比较的生态学研究,缺少大规模人群队列研究;研究大气颗粒物污染对人群健康的影响时多以颗粒物的质量浓度为重点,而对空气中颗粒物表面吸附的化学、物理、生物污染物的种类对人体健康的影响以及空气中不同动力学特点的颗粒物对人体各系统的影响的研究尚还不足。⑤针对中国运动群体的颗粒物健康评价中,关于人们在室外的停留时间、运动模式、运动时间、运动频率、运动强度、颗粒物成分组成、浓度数据、人体体重以及呼吸速率等一系列参数数据均未得出,所以针对中国运动群体颗粒物暴露与健康风险评价的研究还处于起步阶段,研究者在进行健康风险评价时,应该采用不同的研究方法,全方位地考虑实验过程中的不确定性。

3.体育场馆内空气质量对运动参与者身体健康的影响

运动场地空气质量的好坏对运动水平的发挥、运动能力的体现、运动后的恢复及机体的健康水平起着重要的作用。特别是在体育馆内,由于空间相对封闭,因此空气中各种生物化学污染因子和含氧量会发生不稳定性变化。同时,在体育馆中观众一般处于相对静止状态,而运动人员则因不同的体育项目而具有不同的运动量和运动强度,新陈代谢率较高;氧与人体的能量代谢密切相关,氧气含量的降低会导致运动员通过增加肺通气量来获取更多的氧,但是随着呼吸频率的增加,被吸入的有毒颗粒物也会增多;同时细颗粒物中所含的无机、有机成分会引起人体不良的生理生化反应,对人体健康造成一定的损害。在动态的体育场馆内微环境中,由于其空间尺度大,受内外环境扰动的影响较大,加之比赛时人员密度高和人员的无规律性流动,因此造成场馆内细颗粒物的浓度变化较大且难控。细颗粒物作为重金属、细菌、病毒等有害物质吸附的载体,进入人体后会干扰肺部的气体交换、改变心脏自主神经的功能,通过产生氧化应激而造成人体多器官组织的损伤(见图1-7)。

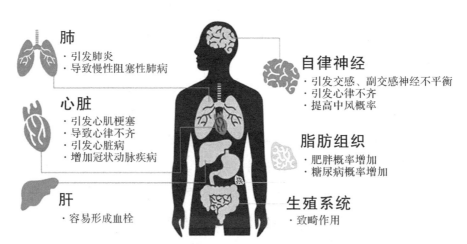

图1-7　细颗粒物对人体健康的危害效应

二、细颗粒物暴露对运动行为学的影响

运动行为学是运用相关运动学科的理论来研究运动训练的过程在认识、情感、动机、环境因素影响下的行为特征及规律性。运动学习、运动发展和运动控制是运动行为学研究的三个主要环节,而不同的环节反映不同的行为功能。

大鼠对外界的应激反应是一个复杂的过程,为了保持体内稳态的平衡和维持一定的生理机能,机体在做出反应的过程中,必然会通过各种生理生化指标的变化来进行调节,而这种机体对应激的调节与施加的运动类型、运动方式、运动强度、暴露方式和暴露浓度有关。细颗粒物可以影响大鼠的运动能力,导致其运动行为表现下降,如运动速度减慢、运动时间缩短等。在行为学的评价中,卒中指数主要反映脑组织损伤的程度,而神经病学症状评分综合反映了肌肉前庭运动功能、综合平衡能力,它与卒中指数评分的相关性较高,二者都是行为学评价常用的方法。通过卒中指数和神经病学症状评分,研究细颗粒物是否会对大鼠脑组织造成暂时性的缺血缺氧性损伤,是探讨细颗粒物对运动功能和体位控制关系影响的重要问题。

1. 细颗粒物暴露对卒中指数的影响

卒中指数是评判缺血性脑卒中后大脑损伤程度的重要依据,在卒中的发生过程中伴有细胞内外信息传递的一系列变化。

细颗粒物暴露对卒中指数的影响包括:①细颗粒物会加重大鼠的神经系统损伤,导致卒中指数增加,卒中后恢复速度减缓。②细颗粒物会加重大鼠脑组织的氧化损伤和炎症反应,影响卒中后的炎症反应调节,从而影响卒中指数。③细颗粒物会降低大鼠的抗氧化能力,导致卒中指数增加。④细颗粒物还会加重大鼠卒中后的神经元凋亡和炎症细胞浸润,从而影响卒中指数。

2.细颗粒物暴露对运动大鼠神经病学症状的影响

细颗粒物暴露对运动大鼠神经病学症状的影响通常包括以下几个方面:①运动功能,包括大鼠的运动能力和协调能力,如步态、肢体协调等。②感觉功能,包括大鼠的触觉、视觉和听觉等感觉功能。③神经系统异常表现,如抽搐、昏迷、失去意识等。④认知和行为功能,如学习、记忆、焦虑、抑郁等。⑤自主神经系统功能,如心率、血压、呼吸等。在评估运动大鼠神经病学症状时,通常会对以上方面进行综合评估,给出相应的症状评分,以评估其神经系统功能的受损程度和治疗效果。

3.细颗粒物对运动大鼠行为学影响的机制

(1)疲劳程度:细颗粒物可以影响大鼠的疲劳程度,导致其疲劳感增加,如持久性运动能力下降等。

(2)神经行为:细颗粒物可以影响大鼠的神经行为,如影响其学习和记忆能力,导致其行为表现异常,如行为反应时间延长、记忆力下降等。

(3)情绪行为:细颗粒物可以影响大鼠的情绪行为,如引起抑郁和焦虑等情绪异常表现。

(4)生理状态:细颗粒物可以影响大鼠的生理状态,如影响其呼吸、免疫和内分泌等系统功能,从而影响其运动和行为表现。

(5)毒性作用:细颗粒物可以对大鼠的组织和细胞产生毒性作用,导致其行为表现异常,如神经元凋亡、突触丧失等。

三、细颗粒物对心血管系统的影响

呼吸系统是细颗粒物直接造成损伤的靶器官,但心脏和循环系统作为次要靶器官会受到间接严重影响。流行病学研究发现:细颗粒物对心血管系统存在不可忽视的影响,甚至可能超过对呼吸系统的影响。

(一)细颗粒物对运动时及运动后心血管系统的影响

1.运动时

细颗粒物可以影响运动时心血管系统的反应和功能。运动时，人体需要大量的氧气和营养物质供应，但细颗粒物会影响呼吸道的通畅性，降低人体摄取氧气量，导致运动能力下降。此外，细颗粒物还可以引起氧化应激反应、炎症反应等，影响心血管系统的功能，如心率变异性降低、血管功能异常等。

2.运动后

细颗粒物可以影响运动后心血管系统的恢复和修复。运动后，人体需要进行心血管系统的恢复和修复，但细颗粒物会影响心血管系统的细胞和组织的恢复和修复过程。细颗粒物可以引起氧化应激反应、炎症反应等，对心血管系统细胞和组织产生损害，影响运动后心血管系统的恢复和修复过程。

(二)细颗粒物对心血管的功能水平的影响

心血管的代谢机能是影响有氧耐力水平的重要因素之一，与最大摄氧量有着密切的关系。流行病学研究表明，细颗粒物浓度增高与一些心血管系统因素，如血液的黏滞性、流变性及凝固性等血液流变学指标，以及血浆纤维蛋白原水平、C反应蛋白（CRP）、内皮素水平、血压等存在密切相关[14]。同时细颗粒物暴露会引起心律失常、心力衰竭，降低心力储备能力[15]，使心血管系统的免疫防护能力减弱，引起心脏组织的氧化损伤[16]，导致心脏自主神经功能紊乱[17]。大量研究显示，无论是短期暴露还是长期暴露，大气颗粒物均可能与心血管疾病的发生、发展有关。细颗粒物通过最初的免疫防御反应继而引起人体的一系列急性应激反应，并通过干扰循环系统的功能性反应，引起心血管功能紊乱。细颗粒物可以通过气血交换进入血液，直接作用于心脏和血管系统[18]。在呼吸作用下细颗粒物进入肺组织间隙后,一部分在淋巴细胞的吞噬下被清除,但还有一部分依旧通过血液循环直接扩散到微血管组织、细胞中,导致正常功能的改变,进而引发肺以及其他肺外器官的损伤[19]。

1. 诱发心血管疾病

细颗粒物可以导致心血管疾病的发生和加重,如冠心病、高血压、心律失常等。长期暴露于细颗粒物环境中的人群,其心血管疾病的发生率和死亡率明显增加。细颗粒物对心血管系统的毒性主要是改变血液成分与血管功能[20]、引起血管收缩/舒张功能障碍,导致组织器官供血不足、血液回流受阻、血压下降、组织充血等[21]。研究发现,暴露于细颗粒物环境 7 d 后,心肌梗死的患病风险明显增加。一项为期 3 年的时间序列研究显示,细颗粒物浓度每升高 $10\ \mu g/m^3$,缺血性心脏病(IHD)的发病率增加 0.27%,死亡率增加 0.25%。

2. 促进动脉粥样硬化

细颗粒物可以促进动脉粥样硬化的形成,增加冠心病和缺血性脑卒中的风险。细颗粒物通过诱导氧化应激反应、炎症反应和内皮细胞损伤等途径,加速动脉粥样硬化的进程。细颗粒物诱导的心血管损伤可能与细颗粒物产生的氧化应激反应、肺部炎症、内皮功能障碍、动脉粥样硬化及自主神经功能改变有关。

3. 导致心脏电生理学异常

细颗粒物可以干扰心脏的电活动,导致心律失常等心脏电生理学异常。细颗粒物通过抑制离子通道的功能,影响心脏细胞的兴奋性和传导性,导致心脏电生理学异常;引起心律失常,心肌间隙连接蛋白 43(Cx43)分布和表达的异常[22]。研究发现,大鼠气管滴注生理盐水、臭氧、细颗粒物及臭氧和细颗粒物混合物 3 周后,与对照组比较,细颗粒物单独暴露组大鼠心率下降,心电图异常。研究亦显示,与对照组比较,细颗粒物染毒组大鼠心率下降,心电图形态异常,可能与交感和副交感神经系统的不平衡有关。

4.损害心血管系统细胞和组织

细颗粒物可以对心血管系统的细胞和组织产生直接的毒性作用,如诱导心肌细胞凋亡、损伤内皮细胞等。细颗粒物通过激活炎症反应、氧化应激反应等途径,对心血管系统细胞和组织产生损害。通过引起机体炎症应激反应,增加血清肿瘤坏死因子-α(TNF-α)、白介素-6(IL-6)、巨噬细胞集落刺激因子水平[23]。

5.影响血液凝血功能

细颗粒物可以影响血液凝血功能,导致血小板聚集、血液高凝状态等。细颗粒物通过诱导炎症反应、氧化应激反应等途径,影响血液凝血功能,增加心血管疾病的风险。

6.改变心脏自主神经功能状态

细颗粒物使心脏自主神经系统活动的紧张性和均衡性受损。动物实验表明,细颗粒物会导致大鼠左室侧壁和室间隔部位交感神经分布增多,心脏交感神经出现重构[24],其机制主要是通过改变自主神经功能,引起机体炎症反应与氧化应激[25]。细颗粒物导致心血管系统疾病的发生可能和炎症作用、氧化应激、内皮损伤、凝血系统的异常激活及自主神经系统的紊乱等机制有关系,并且细颗粒物诱发心血管效应和内皮修复能力下降与其中所含的金属元素(如镍、铜、砷和硒等)有显著关系。

总之,细颗粒物对心血管系统的影响(见图1-8)主要包括诱发心血管疾病、促进动脉粥样硬化、导致心脏电生理学异常、损害心血管系统细胞和组织,以及影响血液凝血功能等方面。细颗粒物对运动时及运动后心血管系统的影响主要表现为降低运动能力、影响心血管系统的功能、引起氧化应激反应和炎症反应等,对心血管系统的健康产生负面影响。因此,人们应尽可能避免在细颗粒物污染严重的环境中进行运动,以保护心血管系统的健康。

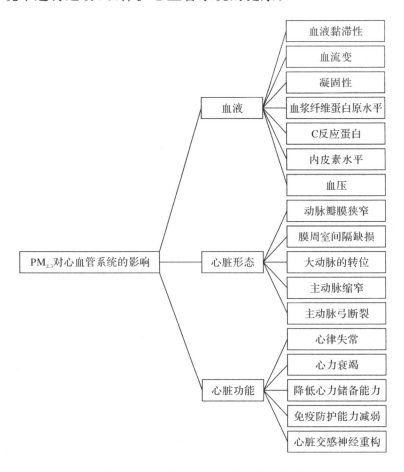

图 1-8　细颗粒物对心血管系统的影响

四、细颗粒物对呼吸系统的影响

　　呼吸系统是颗粒物进入人体后的第一个目标,空气中颗粒物浓度的高低对呼吸系统产生的危害有很大不同。有研究认为,中等强度的有氧运动能够减少颗粒物导致的氧化应激,既能减少支气管肺泡灌洗液（bronchoalveolar lavage fluid，BALF）中的活性氧（reactive oxygen species，ROS），同时也会增加抗氧化酶［如基质金属蛋白酶9（matrix metalloproteinase 9，MMP-9）、组织金属蛋白酶抑制物（tissue inhibitor of metalloproteinase，TIMP）］及抗炎因子（如白介素-10）的表达。因此，在空气污染较重的情况下锻炼，锻炼的好处将大大降低。

细颗粒物浓度过高会对人们的健康造成严重的伤害，可以引发不同程度的呼吸系统疾病，轻的可以导致喉痛、咳嗽，严重的会导致呼吸困难甚至死亡，并致使更多人患上呼吸系统和心血管系统疾病。细颗粒物对呼吸系统的影响是最为显著的，在经由鼻腔、口腔进入体内后，会在肺部内尤其是肺泡等呼吸系统末端处聚集，降低甚至破坏呼吸系统的正常功能，降低人体的免疫力，容易引发支气管炎、支气管哮喘等多种慢性呼吸系统疾病；容易引起感染，严重的甚至会导致肺水肿甚至死亡。

随呼吸进入人体呼吸系统内的细颗粒物，通过氧化应激与氧化损伤、炎症反应、免疫损害等参与呼吸系统多种疾病的发生、发展。细颗粒物的长期暴露与慢性阻塞性肺疾病（简称慢阻肺）的发生有明显相关性。细颗粒物可通过诱导并加重气道和全身炎症反应、免疫失衡、氧化应激、影响肺泡巨噬细胞吞噬功能等加速慢阻肺的发生、发展；可通过加重过敏性气道炎症的程度、调控免疫应答及促炎因子的释放参与支气管哮喘的发病。不同人群对细颗粒物的易感性也有差异，细颗粒物与哮喘-慢阻肺重叠的发生有一定的相关性[26]。细颗粒物为肺癌的重要危险因素，其与肺癌的发病率及死亡率均密切相关，通过对不同基因表达的异常调节导致细胞表型发生改变，进而促进肺癌的发生。

肺门淋巴结紧连主支气管、肺动脉、肺静脉、淋巴管和神经，是人体呼吸道的重要组成部分，是一切气体进入肺部的第一道"关卡"。在室外运动中，空气质量不佳会导致悬浮颗粒物、有害气体进入肺门淋巴结，导致肺门淋巴结肿大，如不及时控制和治疗会造成支气管哮喘或肺部感染及肺结核病症的产生。另外,通过人体肺部结构图可以看出,肺门连通着肺动脉、肺静脉,有害物质未能经呼吸道排出留在肺门淋巴结内,那么必然会流入肺静脉和肺动脉,进入人体血液循环,这样会为人体各器官、组织的正常工作带来直接的危害。

肺部是人体重要的脏器器官,肩负着人体内气体交换的重任。在人体处于室外运动的条件下,大量的空气会通过口鼻进入气管和支气管,最终直达肺部。在空气质量较差的情况下(如大雾天气、雾霾天气等),进入肺部的有害气体和悬浮颗粒物会沉积在肺泡内,引起肺部组织纤维性病变,这是所有严重肺部疾病产生的根源,也是影响人体呼吸系统正常运转的重要因素。

人在进行体育运动时体内代谢旺盛,呼吸系统将发生一系列变化以适应人体代谢的需要,主要通过增加呼吸频率和呼吸深度来增加肺泡通气量,以保证足够的氧气供应人体所需。尤其在以有氧代谢为主的运动中,潮气量可以从安静时的 500 mL 上升到 2000 mL,呼吸频率可从 12～18 次/min 上升到 50 次/min,通气量可达 100 L/min[27]。然而不同生理状态和运动水平的瞬时呼吸状态不同,以及细颗粒物特殊的粒径,造成了细颗粒物在瞬时经过呼吸道时,沉降在呼吸系统的不同部位而形成不同的危害[28]。细颗粒物进入呼吸系统后所产生的污染效应取决于呼吸系统沉积的污染量。细颗粒物进入呼吸道后,会引起肺泡上皮细胞膜损伤、膜通透性增强、炎症细胞渗出,导致肺部急性炎症反应的发生[29],最终影响气体交换,降低肺通气和换气功能。在机械和生理刺激的作用下,细颗粒物释放其本身所吸附的毒性成分,造成肺组织细胞生物膜的生理性损伤,并且在严重时还会突破机体的免疫防御网络,引起细胞免疫和体液免疫应答反应[30],主要表现在膜的脆性增强和膜孔道增大,炎症细胞大量渗出[31-32],引起大鼠肺组织出现嗜酸性粒细胞浸润症[33]和呼吸系统反应[34]。其机制如下。

(1)细胞因子的炎症损伤:细颗粒物进入肺组织后,被肺泡巨噬细胞捕捉吞噬后,肺泡巨噬细胞释放出一系列细胞因子和前炎症细胞因子,进而释放出免疫黏附分子,使各种炎症细胞在特定部位发生聚集效应;同时,细胞因子间的效应具有协同性,这种效应可以作用于其相应的靶细胞受体,从而对相关基因表达具有启动作用,这种介导机体产生的多种免疫反应,也会引起细胞免疫的级联放大效应,对机体造成弥漫性损伤[35]。

(2)氧化损伤毒性作用:由于细颗粒物形态和组成相当复杂,本身所含的某些成分具有氧化活性,在进入肺组织后,其本身富集多种重金属如铅、镍、镉、铬等,容易沉降在呼吸道及深部肺泡内,对人体造成更为严重危害。

(3)细颗粒物通过一系列生化反应可引起体内的脂质过氧化反应,使脂质过氧化产物增高的同时导致体内抗氧化酶大量损耗,导致细胞膜通透性增加,引起肺组织广泛性损伤[36]。

细颗粒物对呼吸系统的影响如图1-9所示。

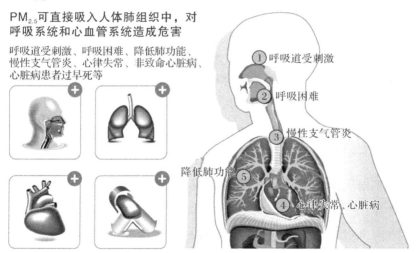

图1-9　细颗粒物对呼吸系统的影响

五、细颗粒物对免疫系统的影响

1.细颗粒物对呼吸系统非特异性免疫功能的影响

支气管黏膜系统是人体接触细颗粒物后的第一道防线,其中的支气管相关淋巴样组织沿着支气管走向随机分布,可以随时捕捉抗原并分泌免疫分子,因此支气管黏膜系统是呼吸系统针对细颗粒物的第一道免疫屏障。细颗粒物可造成呼吸道黏膜组织的损伤,呼吸系统黏膜水肿、增生、出血并有大量炎症细胞渗入呼吸道和肺泡,随着暴露时间的延长,还可出现纤毛的脱落、黏膜细胞的肿大,破坏支气管黏膜的正常结构,并损害支气管黏膜的防御功能。自然杀伤细胞(NK 细胞)是清除呼吸系统细颗粒物的重要细胞,但同时细颗粒物对自然杀伤细胞的功能与活性有一定影响。有研究证实大鼠在低剂量颗粒物暴露的情况下,其 NK 细胞的活性比对照组高,但高剂量组活性反而下降,这有可能是细颗粒物通过直接或间接作用抑制了 NK 细胞的功能。

肺泡巨噬细胞是肺部清除细颗粒物的另一种重要细胞。它除了吞噬作用,活化后还可以分泌各种细胞因子,并具有免疫调节功能及抗原的作用。接触不同来源的细颗粒物后,肺泡巨噬细胞吞噬功能升高,同时增加各种免疫分子的分泌活性,通过分泌肿瘤坏死因子-α、白介素-6 等生物活性产物来吸引更多的炎症细胞向细颗粒物引起的炎症部位聚集,并对抗原进行处理,实现抗原呈递的功能。因此从某种程度来说,肺泡巨噬细胞是细颗粒物染毒后肺部炎症反应的启动者,它的活性可以作为评价肺部炎症免疫反应的重要指标。细颗粒物可以直接损伤肺泡巨噬细胞,也可以通过间接作用如改变肺泡巨噬细胞生存的肺部微环境来抑制它们的功能。一定范围内肺泡巨噬细胞的吞噬功能随着细颗粒物浓度的升高而升高。但如果持续暴露于高浓度细颗粒物中,细颗粒物不断沉积在呼吸系统,肺部的负荷也随之上升,流入肺泡腔的肺泡巨噬细胞反而减少,当达到一定负荷阈值时,肺泡巨噬细胞的功能严重受损,即使是在停止暴露后巨噬细胞的功能也不能完全恢复。

2.细颗粒物对呼吸系统特异性免疫的影响

流行病学的研究表明,细颗粒物的暴露将增加过敏性哮喘、过敏性鼻炎等呼吸道过敏性疾病的发生。细颗粒物的单纯暴露可能会直接影响免疫系统的功能。但是当周围环境存在各种过敏原的时候,细颗粒物将与过敏原互相作用,从而导致过敏性疾病的发生,这也是细颗粒物免疫毒性的另一个重要表现。细颗粒物与过敏性疾病有关,它在疾病发生过程中起着重要的佐剂作用。它通过吸引嗜酸性细胞的大量流入增加细胞因子的分泌,提高人体对过敏原的易感性来促进过敏性疾病的发生与发展。细颗粒物还可以增加过敏原的免疫活性,充当过敏原的转运体,把过敏原运送到呼吸系统深部,增加过敏原的作用范围。另外,细颗粒物还可以破坏上皮细胞的屏障功能,使呼吸道上皮的渗透性增加,从而引起各种免疫细胞如中性粒细胞、巨噬细胞大量流入肺泡腔及释放各种细胞因子,最终导致过敏性疾病以及呼吸系统损伤的发生。细颗粒物对 T 淋巴细胞有直接抑制作用,可降低 T 淋巴细胞的转化率,并呈剂量-反应关系,由此推测其可能的机理是通过干扰钙稳态来发挥作用的。

六、细颗粒物对抗氧化系统的影响

细颗粒物作为一种外在应激原,可以诱发机体的全身性氧化应激反应,使体内的氧化及抗氧化系统、体内活性氧类物质发生改变,造成细胞损伤。越来越多的毒理学研究表明,细颗粒物暴露引起机体氧化应激是细颗粒物导致一系列毒性效应的起始事件。细颗粒物表面所覆盖的各种过渡金属,如铁、铜等,能有效促进肺脏生出更多的自由基,并使抗氧化物含量有效降低,最终导致氧化应激的出现。

氧化应激被认为是细颗粒物导致多种疾病的重要机制,当机体活性氧自由基的浓度超过人体的抗氧化能力时,就会发生氧化应激,从而导致细胞和组织的氧化还原状态发生改变,进而可以引发或加剧呼吸道和心血管炎症,最终导致疾病发生。细颗粒物通过呼吸进入人体后经过体内氧化还原循环产生过量的活性氧,导致人体本身的抗氧化能力相对不足,进而造成脱氧核糖核酸(DNA)、蛋白质、脂质等生物大分子损伤。细颗粒物导致的氧化损伤可能是心肺疾病和癌症的早期驱动事件之一。因此,衡量细颗粒物引起机体氧化应激的能力对于预测和评估细颗粒物所造成的健康损伤具有十分重要的意义。

七、细颗粒物对糖代谢的影响

研究表明,细颗粒物暴露可能引起肝组织(胰岛素受体分布的主要器官)炎症,使胰岛素信号紊乱,肝糖原储备能力降低,肝组织脂肪蓄积增多,最终发展为糖耐量异常和胰岛素抵抗。细颗粒物暴露也可能通过引起外周脂肪炎症、血管内皮功能紊乱、肝组织胰岛素抵抗和内质网应激、葡萄糖转运蛋白-4(GLUT-4)表达水平降低,以及棕色脂肪组织中线粒体数量减少、功能障碍等引发糖代谢的异常。实验发现,空气污染会导致糖代谢异常,主要表现为葡萄糖不耐受和胰岛素抵抗等。下丘脑-垂体-肾上腺(HPA)轴是中枢应激反应系统,会参与调节机体的代谢稳态,可能与大气污染物暴露引起的机体代谢异常的发生与发展密切相关。细颗粒物还可能作为一种应激源,激活机体的HPA轴,进而引起各种应激激素水平的增加,通过影响机体的炎症因子信号通路、损伤胰岛β细胞或影响糖代谢而引发胰岛素抵抗。近年来,有一些流行病学和毒理学研究发现肠道微生物在介导细颗粒物暴露引发的糖代谢异常中可能发挥了重要作用,这为深入理解细颗粒物暴露的不良健康效应的发生机制及未来相关干预措施的制订提供了科学依据。

八、细颗粒物与机体的暴露-反应关系

暴露-反应关系分析把大气质量的变化和人群健康效应终点的变化相关联,是定量评价大气污染健康危害的关键之一。在确定各项大气污染相关健康结局暴露-反应关系的基础上,结合暴露评价,就可以定量估计大气污染对居民健康的危害。目前,应用于大气污染健康危险度评价的暴露-反应关系,主要来源于人群流行病学研究,而非志愿者暴露实验和动物毒理学实验。

细颗粒物与机体的暴露-反应关系是指当个体接触细颗粒物时,细颗粒物的量与个体出现特异性生物学效应程度之间的关系,称为接触(暴露)-效应关系(又称摄入-效应关系或者剂量-效应关系)。在空气污染与健康的研究中,它通常是指随着空气污染物浓度的改变,机体出现某种健康损害的个体在群体中所占比例的相应变化。由于在空气污染流行病学研究中,通常采用固定监测点污染物的浓度来估计人群的平均暴露水平,故它也被称为浓度-反应关系。暴露-反应关系特征是指暴露-反应关系曲线的形状及是否存在阈值浓度。阈值浓度是指污染物浓度在低于该浓度值时,流行病学研究未观察到空气污染物对人群健康的影响。

空气颗粒物与人群死亡率暴露-反应关系特征按照其曲线形状及是否存在阈值浓度,理论上主要有以下几种。

1. 线性无阈值暴露-反应关系

线性无阈值暴露-反应关系的特征是空气颗粒物浓度与人群死亡率之间呈对数线性关系,且不存在阈值浓度。由于空气颗粒物与人群死亡率暴露-反应关系的研究多采用时间序列分析方法,而在一个足够大的人群中,每日死亡人次近似服从泊松分布,因此,暴露-反应关系曲线呈现出对数或指数分布的曲线形状。

2. 分段线性暴露–反应关系

分段线性函数最常用于拟合空气颗粒物与人群死亡率间的暴露–反应关系,它能够拟合暴露–反应关系曲线的形状并检验阈值浓度存在与否。分段线性暴露–反应关系的可能类型及其流行病学意义如下。

(1)类型 1:颗粒物浓度低于浓度 c_1 时,颗粒物对人群死亡率无健康效应;颗粒物浓度大于等于浓度 c_1 时,颗粒物与人群死亡率间呈线性关系。这一暴露–反应关系暗示颗粒物与人群死亡率的效应存在阈值浓度,低于某一浓度时,颗粒物对人群死亡率无影响。

(2)类型 2:颗粒物浓度低于浓度 c_2 时,颗粒物与人群死亡率间呈线性关系;颗粒物浓度大于等于浓度 c_2 时,颗粒物与人群死亡率间无统计学关联。这一暴露–反应关系暗示颗粒物对人群死亡率的效应存在饱和效应,高于某一浓度时,颗粒物对人群死亡率的影响不会因颗粒物浓度的增加而持续增加。

(3)类型 3:颗粒物浓度高于 c_3 时,暴露–反应关系曲线斜率低于颗粒物浓度低于 c_3 时的暴露–反应关系曲线斜率,暗示随着颗粒物浓度的增加,颗粒物对人群死亡的边际效应逐渐降低。

(4)类型 4:颗粒物浓度高于 c_4 时,暴露–反应关系曲线斜率高于颗粒物浓度低于 c_4 时的暴露–反应关系曲线斜率,暗示随着颗粒物浓度的增加,颗粒物对人群死亡的边际效应逐渐增强。

(5)类型 5:颗粒物浓度低于 c_5 时,颗粒物对死亡率的影响不明显;颗粒物浓度大于等于 c_5 且小于 c_6 时,颗粒物对死亡的影响随着浓度的增加而增加;颗粒物浓度大于等于 c_6 时,颗粒物对死亡的影响逐渐呈现饱和效应。

国内外大量的流行病学研究,无论是颗粒物短期暴露对人群健康急性影响的时间序列研究,还是颗粒物长期暴露对人群健康慢性影响的队列研究,均一致表明了空气颗粒物暴露与人群死亡率之间的关联[37]。但是,国内外已经发表的大多数研究均基于空气颗粒物浓度与人群死亡率线性或对数线性关系的假设来探讨空气颗粒物污染与人群健康影响间的关联,很少考虑暴露-反应关系曲线的形状及是否存在阈值浓度问题。近年来,空气颗粒物与人群死亡率间暴露-反应关系的特征引起了国内外学者的关注。

九、体育场馆内细颗粒物分布的研究方法

理论研究、实验研究和数值模拟是目前研究体育场馆内空气颗粒物分布的主要三种方法。

1. 理论研究法

对体育场馆内颗粒物进行理论研究的主要方法是集总参数法。集总参数法是假设在体育场馆内外完全混合且颗粒物均匀的条件下,从颗粒物质量平衡的角度出发,研究总结体育场馆内颗粒物浓度方程。这种模型原理较为简单易用,物理意义通俗易懂,可以较为清晰地分析出颗粒物浓度受各因素的影响情况。所以,它多用于粗略评估体育场馆内空气品质和分析室内外颗粒物浓度比。但是,集总参数法不利于分析体育场馆内颗粒物分布情况,因其无法分析出室内颗粒物的空间分布。

2. 实验测量法

实验测量法是研究室内颗粒物分布和运动轨迹最可靠的方法。此方法主要通过各种不同的研究测量仪器,测量和收集室内颗粒物空间分布和浓度参数等数据,再将这些数据整合在一起,绘制成表格或者图像,从而直观地看出颗粒物的分布情况,客观地评价体育场馆内空气品质。实验研究法的缺点是价格昂贵,实验周期较长,实验条件较为苛刻。

3.数值模拟法

数值模拟法相较于集总参数法可以获得更为详细的信息。数值模拟法的原理是以计算流体力学技术为理论依据,来计算和模拟体育场馆内颗粒物分布情况和运动轨迹,从而得到颗粒物在体育场馆内的分布规律和运动情况。

十、体育场馆内细颗粒物对机体健康危害的评价方法

细颗粒物对机体健康危害的评价方法和标准主要包括空气质量指数、细颗粒物暴露限值、流行病学研究和动物实验研究等。这些评价方法和标准有助于制定更加科学合理的环境保护政策和健康管理措施。

(1)空气质量指数(AQI):AQI 是一种综合考虑空气质量中多种污染物的指数,其中包括细颗粒物浓度。AQI 将不同污染物的浓度转换为统一的指数,从而更加直观地反映空气质量的好坏。

(2)细颗粒物暴露限值:世界卫生组织及许多国家和地区都制定了细颗粒物浓度的暴露限值,用于评价细颗粒物对人体健康的危害。例如,美国环保局将细颗粒物的年平均暴露限值设定为 $12~\mu g/m^3$。

(3)流行病学研究:通过对人群暴露于不同程度细颗粒物水平的地区进行比较和分析,评估细颗粒物对人群健康的影响。例如,通过研究细颗粒物暴露与心血管疾病、呼吸系统疾病等疾病的发生率之间的关系,来评价细颗粒物对人体健康的危害。

(4)动物实验研究:通过在动物体内暴露不同浓度的细颗粒物,评价其对动物健康的影响,例如对肺部的炎症反应、氧化应激和纤毛清除能力的影响。

(5)细胞实验研究:通过体外培养的细胞模型,研究不同浓度的细颗粒物对细胞的影响。

第三节　金属硫蛋白在运动与环境健康领域的应用

金属硫蛋白（metallothionein，MT）是一类广泛存在于生物体中的低分子量、富含半胱氨酸、能被金属诱导的非酶类金属结合蛋白，是一种与抗逆有关的多功能蛋白，参与各种应激状态，例如寒冷、运动、高温、过度疲劳、饥饿等[38]；同时 MT 作为重金属污染的生物标志物之一，在评价颗粒物污染状况及机体对污染暴露的承受能力方面具有敏感性。1966 年，普利多（Pulido）等证实人体中也存在金属硫蛋白，从人肾脏分离的金属硫蛋白不但含有镉、锌，也含有铜、汞。在金属硫蛋白发现的初期，关于该蛋白的研究工作较少，主要集中在对其化学成分的组成和结构的分析，对其机能的认识仅限于该蛋白的金属运输、贮存、重金属中毒的解毒功能等。此后，越来越多的学者逐渐对金属硫蛋白感兴趣，因此有关该蛋白的工作不断涌现，但是关于其许多机制的研究还处在探索阶段，仍存在许多问题有待于进一步证实。1978 年与 1985 年的两次关于硫蛋白的国际会议进一步推动了对金属硫蛋白的研究，对其分子生物学的研究也越来越深入，因此，自 20 世纪 80 年代以来，对金属硫蛋白的研究进入了一个新的阶段。学者们不但对该蛋白的结构与理化性质进行了大量的研究并积累了大量的资料，而且越来越多的学者对其生物学作用及其与医学的关系表示关注。1992 年与 1996 年召开的两次金属硫蛋白的国际会议，对铬-金属硫蛋白的细胞毒性，该蛋白与 Zn^{2+}、Cu^{2+} 等金属离子的肠道吸收及该蛋白的清除自由基作用给予了很大的重视；该蛋白与阿尔茨海默病的关系、与保肝护肝作用的关系、与肿瘤治疗抗药的关系、与糖尿病的关系等引起了学者们对该蛋白的极大兴趣。近些年来，有关金属硫蛋白的研究在运动医学领域也逐渐开展起来，但相关报道在国内外还比较少见。

一、MT 的分布

金属硫蛋白主要以锌-金属硫蛋白（Zn-MT）和铜-金属硫蛋白（Cu-MT）形式分布于肝脏、肾脏、肠和胰腺。随着金属硫蛋白免疫检测技术的发展，在胸腺、肌肉、脑和生殖器官等组织中也发现有金属硫蛋白的存在。另外，血液和胆汁中也发现有低浓度的金属硫蛋白。金属硫蛋白含量最高的器官是肝脏。在细胞内，金属硫蛋白主要存在于胞浆中。实验表明，人肝脏中主要是锌-金属硫蛋白，人肾脏中主要是铬-金属硫蛋白。

二、MT 的诱导

金属硫蛋白的生物合成具有很强的诱导性。研究证明，许多内源性和外源性因素可在器官和细胞水平诱导金属硫蛋白的产生。内源性因素包括激素类（胰高血糖素、雌激素、黄体酮、糖皮质激素、肾上腺素、去甲肾上腺素、血管紧张素）、细胞因子（白介素-1、白介素-6、肿瘤坏死因子-α）、环磷酸腺苷、α干扰素、维生素 D、内毒素等。外源性因素包括禁食、体力限制、高温、寒冷、感染、创伤、炎症、组织损伤、运动等。

实验证明，对 MT 的诱导作用主要是通过调节转录水平来实现的，重金属可促使 MT mRNA（信使核糖核酸）成百倍增加。实验证实金属离子诱导 MT 合成的能力极强，但不同金属离子在不同组织中诱导 MT 合成的能力不同。如在肝脏中 Cd 和 Zn 是最好的诱导剂，可诱导 MT 增加至对照组的 100 倍。在肾脏中 Cd 最好，Hg 次之，Zn 则需大剂量，Cu 最弱。

三、MT 的降解及吸收

MT 的降解，可能和其他蛋白质的降解过程一样。在 pH＝5 时，向大鼠肝细胞浆中加人工提纯的溶酶体，可加快 Zn-MT 的降解。MT 的降解速度因金属的种类、生物的种类和脏器不同而不同。一般认为，实验动物停止补 Zn 后 1～30 h 为其半衰期。肝细胞浆中 MT，在注射 Zn 到 6 h，即可恢复到注射前水平。不同状态的 MT 降解速度顺序为脱金属 MT＞Zn-MT＞Cd-MT。MT 主要在肝脏和小肠吸收，且研究发现 MT 参与调控 Zn 和 Cu 的吸收，并且与 Zn 和 Cu 的吸收成反比关系。

四、MT 的检测

对 MT 进行快捷灵敏的检测有利于 MT 的提取分离和对其生理作用的探讨，也有利于开展 MT 的分子生物学研究。目前 MT 检测方法较多，所有这些方法都是建立在 MT 的理化特性、生物特性及免疫学特性基础上的，主要可分为以下几大类。

1. 金属亲和分析法

这类方法主要是基于 MT 对金属的高亲和力且不同金属的亲和力具有差异性及其热稳定性而建立的，主要通过测定 MT 结合金属-竞争性替换金属含量来检测 MT 中金属含量的增高，从而计算出 MT 的含量。1973 年，彼得罗夫斯基（Piotrowski）等首先运用汞饱和法测定组织中的 MT，随后相继建立起银染法、镉血红蛋白饱和法和银血红蛋白饱和法等。

2. 电化学法

此方法主要是利用巯基（—SH）在汞滴电极表面产生氧化还原反应出现的电位变化建立的，以测定巯基来计算 MT 的含量，是一种可以直接用于测定 MT 总量的方法，具有一定的特异性，其检测限可达

ng/mL 水平。检测 MT 的电化学法有微分脉冲极谱法（DPP）、差示脉冲阳极溶出伏安法（DPASV）和循环伏安法（CV）等。

3.蛋白质分析法（免疫法）

此类方法主要是通过蛋白质含量测定来计算 MT 浓度。免疫法是最主要的方法。它尤其适用于微量检测，具有灵敏、特异的特点，灵敏度在 pg/mL 级，对体液中含量甚微的 MT 具有较好的检测效果。近年来，学者们建立了蛋白质印迹法（Western blotting）、放射性免疫检测法（RIA）和酶联免疫吸附分析（ELISA）法。

4.色谱分析法

对 MT 中不同亚型的检测，色谱分析法较为适合。色谱分析法主要有高效液相色谱法（HPLC）、反相高效液相色谱法（RP-HPLC）、高效液相色谱-电感耦合等离子体质谱法（HPLC-ICP-MS）。

五、锌与金属硫蛋白

Zn 是机体必需的微量元素，可影响细胞代谢的许多方面，如免疫功能、抗氧化防御功能及生长发育等，营养性锌缺乏会引起运动能力的降低。研究表明，营养性锌缺乏可以导致机体组织器官中 MT 的降低。

Zn-MT 是一种相对稳定的结构，它可以通过提供 Zn 而激活许多以 Zn 为辅基的酶，通过作为一些反式作用因子锌指结构的锌供体而调节基因的表达。血中氧化修饰的低密度脂蛋白/氧化性胆固醇类毒物都是严重损伤血管内皮的危险因素。MT 提供所含 Zn 可以保护细胞的正常生长和恢复；提供大量的巯基可以抗氧化应激/维持细胞内氧化-还原稳态。MT 与红细胞之间存在极强的相互关系，在 MT 的作用下膜向更伸展的构象转化，致使原来处于深层的巯基翻转到表面上来。Zn 在 MT 与其他受体之间的交换并不通过传统的扩散作用，而是形成脱金属硫蛋白（apo-MT）和游离锌离子，Zn 再与其他受体结合。Zn 与 MT 的结合是一个双分子机制,受体与 MT 分子在瞬时的碰撞中夺取 Zn,然后将 Zn 位点折叠进入蛋白疏水内核,从而发挥其生物学作用。

Zn 与 MT 的相互作用对正常生理功能的维持具有十分重要的调节作用。MT 可调控锌的自稳态,而膳食锌也影响组织中 MT 的含量。机体处于营养性锌缺乏时,肝脏贮存锌含量下降,需要贮存锌离子的 MT 的需求量随之下降,MT 的基因表达信号削弱,使 MT 的合成减少。动物实验表明,对缺锌大鼠补锌后 1 周,其肝脏锌含量提高,但肝脏 MT 含量仍处于低减状态。缺锌时体内铜含量也下降,缺锌时体内铁含量上升,铁含量的上升可以诱发组织氧化损伤,如果量大还可以致癌。这些因素可能都是锌缺乏影响运动能力和机体抵抗能力的重要因素,而 MT 可以适时地予以保护。MT 在成骨细胞锌代谢中具有重要作用,细胞在高锌和锌缺乏时的耐受能力与细胞内 MT 的功能状况密切相关。Zn 虽然是有益金属,但超过一定量会对机体产生有害作用。在一些实验中,锌能诱导产生 MT,高锌产生大量 MT,同时造成动物死亡。

目前认为 MT 释放的 Zn 对脂质过氧化反应的抑制机制为:①降低铁的吸收及干扰铁的氧化还原反应;②抑制 NADPH –细胞色素 C 还原酶的活性;③诱导 MT 合成,清除自由基;④增加谷胱甘肽过氧化物酶(GSH-Px)的活性。

六、MT 的生物学作用

1. MT 对金属的解毒作用

金属硫蛋白与重金属离子配位结合成无毒或者低毒的络合物,从而消除重金属的毒害作用。目前研究的最多的是 Cd-MT。当研究者预先给实验动物少量 Cd,继之再给予致死剂量的 Cd 时,动物也不会死亡。这是由于先投给少量的 Cd,在体内诱导合成了 Cd-MT,

Cd-MT能将后来给予的致死剂量的Cd掩蔽起来,这可看作是一种免疫反应。研究表明,金属离子是通过增加MT的基因转录而影响MT的合成的,但不同金属离子对机体不同组织的诱导能力不同。在肝脏中,Cd和Zn是最好的诱导者,高剂量的Cu也能很好地诱导MT的合成,Hg的诱导能力很弱。在肾脏中,Cd、Hg是最好的诱导者,高剂量的Zn也是很好的诱导者,Cu则表现为较差的诱导能力。Cd不但对肾脏有毒性,而且对睾丸的毒性也很强,如果给大鼠注射低于致死量的$CdCl_2$时,则引起睾丸坏死。但是,如果注射含有同量Cd的Cd-MT时,则睾丸并不坏死。如果预先给予Zn,可使Cd对睾丸的毒性减弱。这是由于Zn诱导合成了MT将Cd掩蔽起来之故。Cd容易与巯基结合,阻碍肝脏的巯基酶类的活性。但是,对动物反复给予少量的Cd,没有发现Cd造成不良影响。如在含Cd的培养基中培养人皮肤的表皮细胞,可以获得耐Cd性细胞,这种细胞有合成MT的能力,即使经过20代后,对Cd仍有抵抗性。

这些均证明MT可解除Cd的急性中毒。但是MT对肾的Cd慢性中毒不能解除。目前有两种看法:一种认为Cd-MT本身对肾脏具有强烈的毒性;另一种认为Cd-MT易集中于肾脏,肾小管中的溶酶体可使其分解成游离的Cd而呈现毒性。故目前尚无定论,仍需进一步研究。

2. MT参与微量元素的代谢、运输及贮存

学术界认为MT参与组织细胞中锌离子的保存和转运,是锌离子的贮存蛋白和转运蛋白。肝细胞中的锌离子可以调节肝脏MT的基因表达,两者呈正相关。MT与微量元素关系密切。一方面,多种微量元素(Zn、Cu等)可诱导体内MT合成;另一方面,MT参与Zn、Cu等元素的代谢调节,对机体内稳态的维持有重要意义。金属对MT的诱导作用发生在转录水平上,它通过金属结合蛋白与MT基因上游序列中的金属应答元件(MRE)结合,从而启动MT的mRNA转录。

实验表明不同种属、不同组织来源的 MT 具有相似氨基酸顺序，并且金属离子与半胱氨酸的配位位置严格固定，提示该蛋白与金属离子有强大的螯合力，说明该蛋白与金属离子的代谢具有重要关系。正常生物体内存在着 Cu 和 Zn，且这两种金属都可诱导 MT 的合成。近年来的研究证实，MT 与某些金属元素的吸收、转运、贮存、供给、解毒等过程有关。MT 在体内可能是作为一种金属运输蛋白起着直接向某些脱金属酶提供 Zn 或 Cu 的作用。

MT 作为一种传递蛋白，可直接向需要 Zn 和 Cu 的酶提供 Zn 和 Cu。当细胞内 Zn、Cu 的浓度增高时可诱导 MT 的生物合成，以防 Zn、Cu 对膜系统、酶和细胞内其他敏感部位的损伤。当 Zn 持续不断地增高，不断诱发 MT 的合成时，则 MT 所结合的金属很快被排泄掉，如果机体 Zn 贮存量低时，则 MT 所结合的 Zn 很快被利用。Cu 也能诱发 MT 的合成。这一切都说明 MT 是体内 Zn、Cu 的暂时贮存库。这种贮存是非永久性的，当体内 Zn 的贮备降低时，组织中 MT 含量亦随着降低。另外，MT 还可能参与 Cu、Zn 的运输和传递。已知 Zn 是人体内约 300 种酶的必需成分，并参与至少 200 种 DNA 结合蛋白的组成，所以 MT 对 Zn 的捕捉与释放将直接或间接影响体内的酶催化反应、基因表达、病毒感染和免疫反应等生理过程。MT 可以作为许多锌酶的 Zn^{2+} 供体（MT 即使在部分 Cd 中毒的情况下，仍然具备这种供 Zn 能力），机体内可能通过 Zn-MT 和脱辅基 MT 来调节 Zn^{2+}，从而调控各种锌酶和锌蛋白活性。肝脏是 MT 合成的主要器官，在生理状态下，该蛋白捕获金属原子能力很强，所以它又有保存体内微量元素的作用。

MT 能调节小肠对 Cu、Zn 的吸收，小肠 MT 水平与 Cu 和 Zn 等的吸收呈平行关系。Zn 的吸收是由 MT 与谷氨酸受体相互作用蛋白（GRIP）共同调节的。实验表明，当食物富集 Zn 时，肠道 MT 浓度水平提高，Zn 与 GRIP 结合减弱，减少了 Zn 的摄取。缺乏 Zn 时，动物肠道 MT 浓度降低,这时 Zn 与 GRIP 结合增加会促进 Zn 的吸收。MT 与 Zn 向肠腔的排泄有关。Zn-MT 可能在肠黏膜细胞脱落前被降解或排泄出细胞,所释放的 Zn 又被吸收利用。补 Zn 的动物或人对 Cu 的吸收减少,这可能是由于 Zn 诱导了肠 MT 的合成。

3.MT 的应激保护作用

研究发现,各种应激状态,例如寒冷、高温、过度疲劳、饥饿等,均可引起 MT 含量升高,加强机体自我保护作用。应激反应可能引起体内许多系统的变化,严重时导致心、脑等重要器官的应激损伤。同时研究发现与应激有关的糖皮质激素、肾上腺素等含量增加时,MT 的含量也增加。由此考虑激素可诱导产生 MT。过去人们曾认为应激反应中 MT 合成增加与糖皮质激素的释放有关。现在动物实验证明,糖皮质激素并不是肝 MT 的主要诱导者。应激蛋白的合成增加是应激原作用于机体后产生的结果之一。探讨不同应激蛋白的变化规律及其可能的生理功能,有助于我们认识应激反应的发生机制,为减轻应激损伤寻找有效措施。一般认为 MT 对于维护机体的内稳态具有重要功能。其功能之一是维持体内微量元素的正常代谢。在应激反应中单核巨噬细胞系统释放四种细胞因子,即白介素-1(IL-1)、白介素-6、肿瘤坏死因子-α 和干扰素等,它们是影响 MT 合成的因素。有实验证明白介素-6 可直接诱导肝 MT 合成的能力,其诱导作用可被 Zn 和糖皮质激素加强。在应激过程中,MT 合成增加的途径可能是白介素-6 浓度升高,引起细胞内 Zn^{2+} 浓度改变,Zn^{2+} 作用于金属应答元件段,引起 MT 合成。进一步实验证实糖皮质激素的诱导发生在转录初始水平,但诱导转录效率不高,在无活性的多甲基化 MT 基因中无诱导作用。糖皮质激素对 MT 的诱导模式可能与激素同受体结合成激素受体复合物有关,并直接作用于核 DNA 序列中的 MT 基因的激素应答元件(HRE)。

实验证实,MT 并非由氧自由基直接诱导,而很可能是应激条件下细胞因子从肝外组织释放,并诱导肝内急性期蛋白合成。肝内由细胞因子诱导产生的 MT 和 Mn-SOD(含锰超氧化物歧化酶)在应激反应中协同发挥抗氧化作用,从而预防氧化性应激损伤。由于 MT 在某些金属的代谢、自由基清除和应激保护等方面有重要作用,同时又是诱导性蛋白,因此可通过基因工程将其启动因子连接在目的基因上,建立外源基因的表达系统,用于检测人体 MT 的变化,判断某些生理、生化过程是否异常。

4. MT 参与调节机体生长发育

在生物胚胎发育不同阶段,MT 表达水平不同,由此可以推知 MT 可能参与人体生长发育过程的调节。动物实验也证实了这一点。在幼鼠生长发育过程中,体内各组织如肝脏、肠道和睾丸内 Zn、Cu 及 MT 的含量都相当高,但随着生长过程又不断减少;Zn、Cu 在肝中含量变化比较明显。随着年龄的增加,Zn、Cu 的含量减少,MT 也相应地减少。这说明大鼠在生长发育中需要大量的 Zn 和 Cu。由于 Zn 可通过自动调节 MT 基因,影响 MT 的合成,而 MT 又有贮存 Zn、Cu 的功能,在一定程度上可以维持细胞内的 Zn^{2+} 等多种金属离子处于低水平状,以防 Zn^{2+} 等重金属离子对膜系统、酶和细胞内其他敏感部位的毒害作用。MT 在体外可以激活一些酶的现象,提示 MT 和酶特别是含金属的酶之间有一定的关系,说明 MT 的代谢与人体营养状况有关。

5. MT 的免疫调节作用

MT 可改变体液免疫反应,其形式是降低抗原刺激反应,同时能诱导淋巴细胞增殖,并且与其他淋巴细胞多克隆激活物起协调作用。因此,研究认为 MT 可作为重金属和其免疫调节作用的中间媒介从而发挥具体作用。其可能的机制是 MT 与抗原结合而形成复合物,结合的复合物可被看作诱导抗 MT 活性的免疫原。已发现 MT 与卵白蛋白结合或许起到了掩盖卵白蛋白的抗原决定簇的免疫识别作用，从而减弱了抗卵白蛋白的免疫反应。脱金属硫蛋白制剂没有免疫抑制或免疫增强作用，表明在免疫调节中半胱氨酸本身是不重要的。因此，MT 可被看作是一种免疫调节作用因子。

6. MT 与细胞内钙稳态

离体的大鼠心肌细胞实验观察到，当在含有 $^{45}Ca^{2+}$ 的无钠液中培育时，Ca^{2+} 通过细胞质膜的 Na^+-Ca^{2+} 交换机制大量内流，若在培育液中加入 MT，则 MT 呈剂量依赖性地抑制 Na^+-Ca^{2+} 交换，阻止 Ca^{2+} 向细胞内流，提示 MT 可抑制 Na^+-Ca^{2+} 交换，抑制受损细胞内的 Ca^{2+} 超载，维持细胞内钙稳态，从而起到抗氧化和减少细胞凋亡的作用。

7. MT 与线粒体的作用

超氧阴离子和超氧阴离子自由基（$\cdot O_2^-$）会引起线粒体膜脂质、结构蛋白和一些其他生物分子的氧化损伤，造成脂质过氧化和蛋白羰基化，还会改变位于线粒体内外膜之间的线粒体转换孔的通透性，引起线粒体功能障碍。线粒体的功能障碍又会导致活性氧产生增多，过多的氧自由基不能被及时清除，进而形成恶性循环，最终造成细胞及组织的坏死。MT 的高表达可抑制引起的线粒体形态学改变以及细胞色素 C 的释放，降低活性氧水平，进而抑制半胱氨酸天冬氨酸蛋白酶 3 的活化，减少心肌细胞凋亡。MT 能够增强琥珀酸氧化及抑制腺苷二磷酸（ADP）的氧耗。MT 可被细胞因子诱导，在细胞质中达到 mmol/L 水平。因此，从理论上来看，MT 可能影响线粒体功能及其他的细胞过程。由于 MT 本身对线粒体氧耗没有作用，因此MT 不能通过细胞色素 C 或其他的呼吸链成分提供额外电子；另一可能的解释是 MT 的半胱氨酸能通过与线粒体酶结合起作用，这一作用可能由半胱氨酸或半胱氨酸与金属相互依赖的作用所介导。

8. MT 的抗氧化作用及其机制

在生物体系中，自由基是有机体进行生命活动的结果，为完成生命活动中各种反应之所需。正常生理条件下，体内产生的氧自由基可迅速被体内存在的自由基清除剂清除。然而，由于某些因素使自由基生成过量，或抗氧化防御体系削弱，使自由基蓄积，便会导致细胞或组织损伤。由于 MT 具有特殊的化学结构，其中的金属具有动力学不稳定性，巯基具有亲核性倾向，使得 MT 易与某些亲电性物质作用，特别是某些自由基结合，阻断了自由基引起的连锁反应，从而使机体的脂质过氧化水平降低，降低血液黏稠度，改善血液循环，起到消除自由基的作用。

离体实验表明 MT 有较强的清除自由基特别是羟基自由基（·OH）的作用，而且在与谷胱甘肽（GSH）作用后 MT 得到再生。MT 与 GSH 在保护牛胸腺 DNA 免受·OH 损伤方面的作用相似。近年来的离体心脏、心肌细胞等研究揭示 MT 有清除氧自由基作用。

金属硫蛋白清除自由基、抗脂质过氧化作用已被大量的体外实验证明。研究发现鼠肝脏 Cu-MT 有增进·O_2^- 歧化的作用，后来用电子自旋共振（ESR）自旋标记技术证实兔 Zn-MT 或 Cd/Zn-MT 可直接清除经黄嘌呤、黄嘌呤氧化酶反应形成的·O_2^-，尤其是·OH。且 MT 与·OH 的反应速率常数远大于与·O_2^- 的反应速率，提示 MT 清除·OH 的能力远强于清除·O_2^-。

另外一些学者则基于还原能力更强、—SH 含量与 MT 一致时的二硫苏糖醇体系对红细胞膜脂质过氧化的抑制作用小于 Zn-MT 的结果推测，MT 本身的受氧化过程不是抗氧化的主要机制，其主要作用的可能是 MT 被氧化后释出的金属离子。Zn 本身有抗脂质过氧化作用的现象支持了上述观点。有的学者还发现，MT 在氧化时也可将氢原子供给附近被自由基作用过的部位，使这些部位恢复到未损伤状态，或在释出原来的金属离子后再和 Fe^{2+} 等金属离子结合，使这些金属离子不易参与特定反应如芬顿反应的形式,从而阻止 H_2O_2 向·OH 的转变,抑制脂质过氧化。

MT 不仅能清除·O_2^-,且对·OH 也有极强的清除功能,而超氧化物歧化酶(SOD)只能清除·O_2^-,不能清除·OH,这说明 MT 在清除自由基方面比 SOD 优越。根据生物自由基学说理论,生物细胞在代谢过程中,会连续不断地产生·O_2^- 和·OH。自由基是一种具有高度活性的物质,可以发挥强氧化剂的作用,损坏生物体的大分子和多种细胞,使生物体内的不饱和脂肪酸过氧化形成过氧化脂质。MT 对·O_2^- 和·OH 的清除,阻断了连锁反应,降低了过氧化脂质的水平,使吞噬细胞的功能加强,加之 MT 在清除·O_2^- 和·OH 时,释放出微量元素 Zn,促进免疫功能和细胞代谢,从而提高其抗炎和自我保护、自我修复、自我改善的能力。

MT 作为自由基清除剂能保护 DNA、蛋白质和脂质免遭氧化应激损伤。由于 MT 特殊的结构和强大的抗氧化作用以及亲核特征,因而具有细胞保护作用。·OH 具有高亲电子性、高热力学反应性及临近 DNA 生成等特点,使它成为机体内引起 DNA 损伤的重要自由基。由于 DNA 在生命活动中的特殊地位,以及 MT 对·OH 的有力清除作用,人们对 MT 保护 DNA 的作用进行了深入的研究。体外实验表明,MT 可抑制自由基发生系统 $EDTA/H_2O_2$ 引起的 DNA 降解。当 MT 浓度为 13 $\mu mol/L$ 时,DNA 降解几乎完全被抑制,而 10 mmol/L 的 GSH 才达到此作用。如果 MT 清除·OH 的作用与其分子中的—SH 有关,提示 MT 上的 20 个处于还原态的—SH 均参与淬熄反应,并且 MT 中每个—SH 清除·OH 的效率比 GSH 都高 38.5 倍,即 MT 抑制·OH 引起的 DNA 降解作用比 GSH 高约 800 倍。

外源给予 MT 也可以抑制电离辐射引起的 DNA 损伤,因此也认为 MT 以有效的·OH 清除剂起抗辐射作用。虽然·OH 的半衰期极短,但是·OH 对 DNA 可以产生特异性的损伤。詹姆斯(James)等发现,在红细胞膜实验系统中,单独加入黄嘌呤氧化酶、Fe^{3+} 可引起 H_2O_2 和 O_2 自由基产生,并有脂质过氧化终产物丙二醛(MDA)增加,但当提前或同时加入 Zn-MT 或 Cd/Zn-MT 时,则 MDA 产生明显减少。

离体实验表明,Zn-MT 可以抑制在抗坏血酸和 H_2O_2 存在的条件下 Cu^{2+} 介导的 DNA 损伤,其抑制作用与所用该蛋白的剂量呈正相关。进一步研究发现,给予 Zn^{2+} 后发挥 DNA 保护作用所需的时间与细胞内 MT 浓度升高所必需的时间相等,说明这一保护作用是 Zn^{2+} 诱导 MT 产生所致,而不是 Zn^{2+} 直接作用的结果。目前已经证明,H_2O_2 和结合在 DNA 上的 Cu^{2+}、Fe^{2+} 反应产生的·OH,接近于靶 DNA。在这种情况下,一般的·OH 清除剂很难发挥作用,只有与·OH 有很高的反应速率常数和在核内浓度较高的抗氧化剂才能发挥作用,而 MT 具备这些条件。

MT 主要是通过其分子中半胱氨酸残基上—SH 和自由基的相互作用发挥抗氧化作用,在此反应过程中,自由基使 MT 中的金属与—SH 配位键断裂从而伴随着金属离子的释放及 MT 的聚合,—SH被氧化成—S—S—并释出与其结合的金属,同时使自由基还原降解。具体机制如下:①MT 富含半胱氨酸残基,尤其是 MT 的硫簇,是·OH 的主要靶子。MT 的 20 个半胱氨酸残基上的—SH 均处于还原状态,在与·OH 反应过程中,—SH 被氧化成—S—S—,并将金属离子释放使·OH 还原降解。②MT 中的 Zn^{2+} 可通过抑制 Fe^{2+} 的摄入,抑制细胞色素 C 还原酶和增加 GSH 的活性而起到抗氧化作用。小梅洛(Mello-Filho)等认为,MT 先释放所结合的金属离子,然后再与 Fe^{2+} 等金属离子结合,使这些金属离子不易参与特定反应(如芬顿反应),从而阻断 H_2O_2 生成·OH,抑制脂质过氧化。③MT 可以提供一个氢原子给邻近受自由基损伤成分（如 DNA 等），以使其恢复到未损伤状态。

王（Wang）等证实，MT 抗阿霉素的心肌损伤作用可能通过抑制线粒体细胞色素 C 的释放及细胞凋亡蛋白酶 caspase-3 的活化，进而抑制心肌细胞凋亡而实现的。MT 可能与过氧亚硝酸阴离子（$ONOO^-$）反应，阻止脊髓 p38 丝裂原活化蛋白激酶（P38MAPK）途径激活和线粒体细胞色素 C 释放，以实现其抗氧化作用。

9. MT 的生物膜保护功能

生物膜是细胞的基本结构之一，同时细胞核被膜上的核苷三磷酸酶（NTPase）也是·OH 攻击的目标之一。自由基可直接或间接通过脂质过氧化物攻击膜脂质与膜蛋白。天然 MT 中的金属除 Zn 以外，也含有其他金属如 Cd、Cu 等。在细胞器及生物膜水平将 Zn7-MT 与 Cd7-MT 的功能进行研究并做一比较。先用羟基自由基发生系统攻击细胞膜，再分别用 5-NS 与 16-NS 标记膜脂质，观察 Zn7-MT 与 Cd7-MT 的保护功能。结果表明，Zn7-MT 的抗羟基自由基及生物膜的保护功能明显强于 Cd7-MT。同样 Zn7-MT 的抗膜脂质过氧化功能也强于 Cd7-MT。膜脂的流动性与膜蛋白构象的改变必然会影响到生物膜基本的功能。在·OH 损伤后，线粒体 $Ca^{2+}-Mg^{2+}-ATP$ 酶活性剂摄 Ca^{2+} 功能明显降低，而这两种 MT 都有抗羟基自由基及保护线粒体功能的作用。研究表明 MT 易与·OH 反应，MT 中的硫簇是·OH 的主要靶点。肝脏是蛋白质合成的重要器官，MT 对肝细胞核被膜 NTPase 的保护作用是其内源性的细胞保护制之一，具有重要的病理生理意义。

有实验表明 MT 能在芬顿反应中与 Fe^{2+} 螯合，并释放 Zn^{2+}，从而抑制·OH 的产生。锌与生物膜抗氧化的关系主要体现在三个方面：①通过铜锌超氧化物歧化酶清除·O_2^-；②通过诱导产生 Zn-MT

抵抗自由基所造成的过氧化作用;③通过竞争性地阻断铁和硫醇的结合,减少和阻止铁的催化性氧化反应,防止形成新的自由基。

已知的内源性自由基清除剂主要包括 SOD、GSH 等。SOD 主要清除 $\cdot O_2^-$,但 MT 可同时清除 $\cdot O_2^-$ 和 $\cdot OH$。

10. 运动与 Zn-MT

有实验观察了耐力游泳训练对大鼠骨骼肌和肝脏 MT 诱导性的影响,以及训练大鼠力竭性游泳后 MT 和锌、铜、铁、锰、钙、镁等金属离子含量的动态变化,探讨了它们之间的关系。结果显示:耐力性游泳训练可使大鼠骨骼肌和肝脏 MT 的基础水平升高。训练大鼠力竭性游泳后,骨骼肌和肝脏中诱导合成的 MT 的峰值提前出现,表明运动训练可加快 MT 的诱导合成。但还有研究表明,游泳训练 10 周的大鼠安静状态下骨骼肌和肝脏的 MT 含量比未训练大鼠下降,差别有显著性。这种相反的结果是由于训练时间长短不同所致,还是由于 MT 的表示单位不同所致或是其他原因,还需进一步实验予以证实。

另外,训练大鼠力竭性游泳后,骨骼肌锌、铜、锰和肝脏锌、铜、锰、铁的变化趋势与 MT 的变化趋势较为一致,这些金属离子的升高可能与 MT 的升高有关,表明 MT 可能参与了这些金属离子的代谢。MT 可能通过调节金属离子代谢,在机体的运动恢复中发挥重要作用。可以推测,运动后肝脏 MT 的大量诱导合成,与金属离子的摄取、转运和代谢,与大分子物质和能量代谢的调节有关。这些作用均有助于促进机体在运动后的恢复。因此可以认为,MT 不仅是一种应激蛋白,还是一种参与运动恢复的蛋白。MT 较高的基础水平和快速的诱导合成,可能是训练促进运动恢复的生理机制之一。

七、MT 在环境毒理学中的应用

1. 污染物的生物监测

MT 能够反映生物体内金属离子的含量和毒性,因此被广泛应用于污染物的生物监测。通过检测生物体内 MT 的含量,可以评估金属污染对生物体的影响。

2. 污染物的解毒作用

MT 能够与金属离子结合形成不稳定的金属硫蛋白-金属离子复合物,这种复合物可以减少金属离子对生物体的毒性作用,发挥解毒作用。

3. 污染物的生物累积

MT 在生物体内能够稳定地结合金属离子,形成金属硫蛋白-金属离子复合物,这种复合物能够在生物体内长期存在,从而导致金属离子的生物累积。

4. 污染物的生物转运

MT 在生物体内能够与金属离子结合形成复合物,这种复合物能够通过蛋白质转运通道进出细胞膜,从而实现金属离子的生物转运。

因此,MT 在环境毒理学中发挥着重要的作用,有助于深入研究污染物的毒性机制和危害程度,为环境污染的防治提供科学依据。

八、MT 对细颗粒物污染运动大鼠的保护作用

一些研究表明,在颗粒物污染后,MT 参与了抗氧化和重金属的解毒功能,其中 MT 与重金属离子的结合也许是解毒的原因所在[39]。因此 MT 可作为重金属和其免疫调节作用的中间媒介从而发挥具体作用[40],其原因是作为一种免疫调节因子,MT 通过与抗

原结合而诱导其免疫原的产生。Zn-MT 作为一种富含巯基的金属硫蛋白,具有预测生物体受重金属暴露的状况和重金属的污染压力、重金属解毒、抗氧化、增强免疫力和机体的应激能力等功能。

1. 减轻氧化应激

细颗粒物污染可导致氧化应激反应的产生,从而引起一系列炎症反应和细胞损伤。MT 能够与氧化物结合,抑制氧化应激反应的发生,从而减轻氧化应激引起的炎症和细胞损伤。

2. 降低免疫炎症反应

细颗粒物污染可引起机体免疫炎症反应的加剧,而 MT 能够减轻免疫炎症反应,从而降低其对机体的损害。

3. 促进金属离子代谢,对重金属有解毒作用

MT 在重金属解毒与生理代谢方面具有重要的作用,主要是因为其与重金属离子具有较强的结合能力以及能被重金属离子诱导[41]。首先,MT 可以在一定程度上调节细胞内金属离子的浓度,通过结合某些金属离子而转化为金属酶,在维持体内生化反应的动态平衡方面起到一定的作用;其次,MT 在受到污染因子入侵后引起表达性升高,升高的 MT 可以结合细颗粒物中吸附的有毒重金属,竞争性抑制细胞与重金属的结合,从而减轻细颗粒物中重金属对机体组织的毒理作用。Zn-MT 在生物化学反应中释放出 Zn^{2+},在其行使本身生物学功能的同时可以进一步诱导 MT 在体内的合成。MT 可以抵抗电离辐射或紫外线引起细胞组织损伤,修复细胞损伤[42],抵御抗氧化物损伤[43]。Zn-MT 清除自由基的功能结合机体组织细胞的抗氧化能力,可以使机体对氧化损伤具有一定的耐受力。由于不同组织的差异性,MT 的表达在不同组织中也表现出一定的区别,因此作为重金属污染的生物标志物,MT 具有很强的敏感性[44]。在与重金属结合后,MT 以溶酶体为载体排出到细胞质外[45],这同时也说明细胞器是

MT 螯合物代谢的场所[46]。

4.保护肺部健康

细颗粒物污染会引起肺部炎症和纤维化等病变,而 MT 能够减轻肺部炎症反应和纤维化,保护肺部健康。

5.MT 与微量元素的代谢、运输及贮存

MT 与 Zn 及其他微量元素在体内的代谢、运输及贮存具有重要的关系。MT 可在 Zn、Cu 等多种微量元素的诱导下进行体内合成、保存和转运,可作为 Zn^{2+} 贮存和转运的仓库,因此 MT 含量的高低与 Zn、Cu 的浓度有着正比例的关系,这种相互的协调关系可以防止过度的金属离子损害机体内生物酶和细胞膜系统。MT 也可以参与体内的某些微量元素的代谢调节,保持机体组织始终处于动态平衡状态[47]。MT 主要在转录水平上被体内的微量元素所诱导,之后启动 MT 的 mRNA 转录程序[48]。

Zn 在人体内具有重要的生理功能,是构成多种酶的基本成分,在蛋白质的构成、生物效应表达以及催化反应等方面具有重要的作用。当机体内 Zn^{2+} 不足时,MT 可以解离出自身的 Zn^{2+} 以供酶所需,这种调节方式主要是受到离子池的离子种类和 Zn-MT 脱辅基来实现的,最终的目的是调控含锌酶和含锌蛋白质的生物效能。由于 MT 所含的半胱氨酸与金属离子的配位具有高选择性和相对固定性,因此提示二者具有较强的结合能力,同时也表明它们之间的功能具有一定的协同性[49]。

从生理、生化角度研究细颗粒物的健康效应已有许多成果,但这些主要集中在非运动状态下机体的生理机能研究,关于运动状态细颗粒物暴露后机体生理应激反应变化的研究较少。Zn-MT 不仅是一种应激蛋白,还是一种参与运动恢复的蛋白,研究补充 Zn-MT 对细颗粒物暴露后机体抗氧化、免疫、糖代谢的影响机制,可了解 Zn-MT 对细颗粒物暴露所产生危害的拮抗效应。以往对细颗粒物毒理效

应的研究和评价较为单一,如何通过多组织、多指标体系的对比来研究机体对细颗粒物的应激反应,仍然需要进一步的实验支持。针对上述问题进行研究,可进一步加深细颗粒物对健康影响机理的认识,为污染条件下机体健康效应评价和运动机能保护提供科学的依据。

因此,MT对细颗粒物污染运动大鼠的保护作用主要体现在减轻氧化应激、降低免疫炎症反应、促进金属离子代谢和保护肺部健康等方面。

第四节　本章小结

本章主要介绍了细颗粒物的来源、组成、传播特性、暴露方法及转归。

细颗粒物对机体健康的危害效应主要包括以下方面。①行为学:卒中指数增加、神经病学症状评分异常。②心血管系统:心血管系统的功能异常,心率变异性下降,降低心力储备,诱发心血管疾病,促进动脉粥样硬化,导致心脏电生理学异常,损害心血管系统细胞和组织,影响血液凝血功能,改变心脏自主神经功能状态。③呼吸系统:破坏呼吸系统的正常功能,导致肺水肿,发生慢阻肺,引起肺泡上皮细胞膜损伤,导致肺部急性炎症,降低肺通气和换气功能。④免疫系统:特异性和非特异性免疫功能的损害。⑤抗氧化系统:产生过量的活性氧,导致机体本身的抗氧化能力相对不足。⑥糖代谢:糖耐量异常和胰岛素抵抗。

细颗粒物与机体的暴露-反应关系包括线性无阈值暴露-反应关系和分段线性暴露-反应关系。

体育场馆内细颗粒物分布的研究方法有理论研究法、实验测量法、数值模拟法。

体育场馆内细颗粒物对机体健康危害的评价方法包括:①空气

质量指数(AQI);②细颗粒物暴露限值;③流行病学研究;④动物实验研究;⑤细胞实验研究。

MT是重金属污染的生物标志物之一,具有解毒,免疫调节,抗氧化,增强免疫力和机体的应激能力,参与微量元素的代谢、运输及贮存等作用。

第二章

运动方案制订、细颗粒物
制备及指标测试

第一节　研究对象分组和运动方案设定

一、实验动物分组

实验大鼠选用健康成年雄性 Wistar SPF 级大鼠 104 只（由西安交通大学实验动物中心提供），鼠龄 7 周，体重 180～220 g。大鼠购入后适应性喂养一周，自由进食饮水（饲料购自西安交通大学实验动物中心），动物饲养室内温度为 20～26 ℃，湿度为 44%～70%，照明随同自然变化。将所有大鼠随机分成 13 组，每组 8 只，实验中对动物的处置符合中华人民共和国科学技术部颁布的《关于善待实验动物的指导性意见》的相关要求。具体分组见表 2-1。

表 2-1　实验动物分组

安静对照组（QC）	运动对照组（EC）	24 小时恢复组（ER）
Zn-MT+运动组（ZE）	Zn-MT+低剂量细颗粒物+运动组（ZLPE）	低剂量 24 小时恢复组（LPER）
低剂量细颗粒物+运动组（LPE）	Zn-MT+中剂量细颗粒物+运动组（ZMPE）	中剂量 24 小时恢复组（MPER）

中剂量细颗粒物＋运动组 （MPE）	Zn-MT＋高剂量细颗粒物＋ 运动组（ZHPE）	高剂量 24 小时恢复组 （HPER）
高剂量细颗粒物＋运动组 （HPE）		

二、运动方案

采用 Bedford 回归方程建立渐增负荷运动模型，训练方式为跑台。所有大鼠先以 10 m/min、5 min/d 的跑台运动进行 2 天的适应性训练，休息一天后即按照设定的运动方案进行一次递增负荷训练，随后按照以下的递增负荷形式进行，直至力竭（见表 2 - 2）：15 m/min，15 min（相当于 45％最大摄氧能力）；18 m/min，20 min（相当于 50％最大摄氧能力）；21 m/min，30 min（相当于 65％最大摄氧能力）；24 m/min，40 min（相当于 70％最大摄氧能力）；27 m/min，50 min（相当于 76％最大摄氧能力）。力竭判定标准为训练过程中跟不上预定速度，大鼠臀部压在笼具后壁，后肢随转动皮带后拖达 30 s，毛刷刺激驱赶无效。行为特征为呼吸深急、幅度大，神经疲倦，俯卧位垂头，刺激后无反应。

表 2 - 2　大鼠递增负荷训练方案一览表

坡度/％	运动速度/(m/min)	运动时间/(min/d)	运动强度/[mL/(kg • min)]
0	15	15	45％VO_{2max}
0	18	20	50％VO_{2max}
0	21	30	65％VO_{2max}
0	24	40	70％VO_{2max}
0	27	50	76％VO_{2max}

第二节 细颗粒物的采样、悬液制备及 Zn-MT 补充

一、细颗粒物的采样

用 TH-150C 型（武汉天虹）大容量大气总颗粒物智能采样器（配加2.5 μm的切割器）进行细颗粒物的采样，采样时间为 2011 年 3 月 6 日—4 月 6 日，持续 30 d，每天连续采样 24 h。采样地点为某体育馆内。采样时保证采样点周围无堆积物，以防遮挡空气流通，同时保证采集点为非污染源。为模仿人体呼吸带的高度，采样时使仪器放置高度为 1.5 m，即人体呼吸带高度，采用同心圆方式选取 5 个点，两点之间相距 5 m 左右，离墙＞1 m，离门窗＞3 m，空气流量为 1.13 m³/min。按照仪器操作规则，使采气流量保持定值。采样时将已称重的玻璃纤维滤膜用镊子放入结晶采样夹的滤网上，滤膜毛面朝进气方向，将滤膜压紧至不漏气。采样结束以后用镊子取出滤膜，将有尘面两次对折放入样品纸袋并做好采样记录。将滤膜放在 25 ℃、50％相对湿度的恒温恒湿箱中平衡 24 h，并在此平衡条件下称量滤膜，记录滤膜质量，然后将同一滤膜在恒温恒湿箱中同样的条件下再平衡 1 h 后称重，两次重量之差小于 0.04 mg 为满足恒重要求。根据采样前后滤膜质量差和采样体积得出颗粒物的质量浓度。

二、细颗粒物悬液的制备

将载有细颗粒物的滤膜裁剪为小块，浸入去离子水中，超声振荡 30 min×4 次，洗脱颗粒物，震荡液经六层纱布过滤，滤液在 4 ℃下以 1000 rm/min离心 20 min 后收集下层悬液冷冻，细颗粒物在－20 ℃保存。滴注时，用0.9％生理盐水配制成需要的浓度，使用前超声振荡混匀，灭菌备用。为保证颗粒物的实际毒性效果，实验并未对颗粒物进行消毒灭菌处理。

三、细颗粒物滴注染毒

细颗粒物采用气管滴注法染毒,室内温度保持在 $20\sim26$ ℃,湿度为 $44\%\sim70\%$。滴注前受试物的温度维持在 37 ℃左右,将染毒悬液预温至 37 ℃,在乙醚麻醉后,三组实验动物分别按低(7.5 mg/kg)、中(15 mg/kg)和高(30 mg/kg)剂量经气管注入细颗粒物染毒悬液,滴注体积为 3 mL/kg(体重),对照组滴注同等容量的生理盐水,实验大鼠染毒后 1 h 进行运动。

四、Zn-MT 补充方式

锌–金属硫蛋白(湖南麓谷生物技术有限公司)的主要技术指标:金属硫蛋白(MT)$\geqslant95\%$,锌$\geqslant4.5\%$,巯基$\geqslant9.0\%$,重金属含量低于国家规定标准,易溶于水。所有需补充 Zn-MT 的大鼠在滴注后休息 15 min,再按照体重/剂量腹腔注射 Zn-MT,剂量为 1 mg/kg(体重),然后将大鼠放置于跑台上按照预定方案进行运动。

第三节 实验仪器选择及指标测试

一、实验仪器选择

实验仪器包括电动跑台(杭州段氏制作公司)、TH-150C 型大容量大气总颗粒物智能采样器(武汉天虹)、DK-98 – 1A 恒温浴锅(天津泰斯特仪器有限公司)、TN-100 托盘扭力天平(武汉自动化仪表厂)、Bonso-TCS-2000A 电子秤(武汉自动化仪表厂)、MR23i 型低温高速离心机(美国赛默飞世尔公司)、BECKMAN AD 340 化学发光酶标仪(美国)。

二、测试指标与方法

1. 行为学指标

目前,动物行为学评价的方法主要有卒中指数评分和神经病学症状评分。

2. 氧化与抗氧化指标

测定的指标有过氧化氢酶(CAT)、超氧化物歧化酶(SOD)、谷胱甘肽过氧化物酶(GSH-Px)、还原型谷胱甘肽(GSH)、乳酸脱氢酶(LDH)、丙二醛(MDA)和活性氧(ROS)。按照试剂盒要求采用酶联免疫吸附分析(ELISA)法进行测定,仪器采用 BECKMAN AD 340 化学发光酶标仪(美国)。

3. 免疫学指标

中性粒细胞弹性蛋白酶(NE)、大鼠克拉拉分泌蛋白(CC16)、超敏 C 反应蛋白(hs-CRP)、大鼠核转录因子-κB(NF-κB)、白介素-2(IL-2)、白介素-6(IL-6)、白介素-8(IL-8)、大鼠单核细胞趋化蛋白-1(MCP-1)、大鼠巨噬细胞炎症蛋白-1α(MIP-1α)指标的测试均采用 ELISA 法进行,仪器采用 BECKMAN AD 340 化学发光酶标仪(美国),所用试剂盒来自上海雅吉生物科技有限公司,所有测试步骤严格按照试剂盒说明书进行。

4. 糖代谢指标

己糖激酶(HK)、丙酮酸激酶(PK)、磷酸果糖激酶(PFK)、异柠檬酸脱氢酶(IDH)、α-酮戊二酸脱氢酶(α-KGDH)、柠檬酸合成酶(CS)等指标的测试采用 ELISA 法,所有操作均按照试剂盒(上海雅吉生物科技有限公司)说明书进行,仪器采用 BECKMAN AD 340 化学发光酶标仪(美国)。

5.血清离子及激素指标

Cu^{2+}、Ca^{2+}、M^{2+}、Na^+、K^+含量的测定采用火焰原子吸收分光光度法,所用仪器为 SAS/727 型原子吸收分光光度计。具体测试所需器材包括:Cu^{2+}、Ca^{2+}、Mg^{2+}、Na^+、K^+空心阴极灯,自动进样器,试验用双蒸水,优级试剂纯,Cu、Ca、Mg、Na、K 标准溶液。血清睾酮与皮质醇测试采用 ELISA 法进行,仪器采用 BECKMAN AD 340 化学发光酶标仪(美国)。所需玻璃仪器、样品的预处理、仪器的使用、操作条件均严格按照说明书执行。

第四节　本章小结

本章主要针对实验大鼠运动方案制订、细颗粒物的样品采集和制备、Zn-MT 补充方式及指标测试进行了说明,为后面的实验进程提供前期的材料基础和操作方法。

(1)选择并建立合适的动物跑台训练模型对于研究运动过程中机体出现的各种生理生化指标变化有着非常重要的作用。近年来,有关动物模型建立的方法越来越多。对动物模型研究已成为人们有关运动性疲劳、力竭、过度训练、运动性功能障碍等深入研究的重要途径。

(2)细颗粒物样品的采集与制备。本研究采用大容量大气总颗粒物智能采样器进行细颗粒物的采样,采样地点为体育馆内,同时保证采集点为非污染源。采样高度模仿人体呼吸带的高度,这样能保证所测结果更加符合运动过程中的实际情况。采样结束并进行滤膜处理后,制作细颗粒物悬液。

(3)Zn-MT 补充。采取腹腔注射的方式,为避免对大鼠过强的应激,Zn-MT 补充和大鼠染毒时间间隔 15 min。

(4)实验指标测试。主要采取 ELISA 法测试实验各组的行为学指标、生化指标、氧化与抗氧化指标、免疫学指标、糖代谢指标、血清离子及激素指标,所需玻璃仪器、样品的预处理、仪器的使用、操作条件均严格按照说明书执行。

第三章

细颗粒物及 Zn-MT 对运动大鼠行为学的影响

　　行为学是研究机体行为规律的科学。运动行为学是指运用相关运动学科的理论来研究运动训练的过程,以及在认识、情感、动机、环境因素影响下的行为特征和规律性。目前国外一些学者提出许多运动中的行为与动物行为有相类似的地方。动物行为学是生物学的一个分支,主要研究动物的学习、认知、情绪表达、交流、社会行为、繁殖行为以及与动物生存和繁殖有关的神经机制和内分泌物质等。由于动物行为学对于动物学习和认知的研究以及与神经科学的相关性,它对心理学、教育学等学科产生一定的影响。

　　慢性应激是机体通过自身认知行为、结果评价而察觉到自身应付能力与行为环境要求不平衡的一种身心紧张状态。当人或动物长期处于慢性应激状态时,机体的学习记忆、行为能力,神经-内分泌-免疫调节网络等均会受到一定程度的影响[50]。动物实验研究发现,长期的慢性应激会使体内血清皮质醇水平异常升高,导致大鼠神经内分泌功能失衡,进而影响到大鼠的行为学功能[51]。而这种应激反应危害的主要原因之一是体内过高浓度的糖皮质激素水平[52]。科学、适当地锻炼可以促进心理健康的良性发展,同时也可以缓解压力,改善心理状态,使自我效能感增强。这些心理效应的改善与身体的锻炼强度、锻炼方式、锻炼时间密切相关[53]。

应激反应是机体多种系统参与的适应性调整过程。外界应激强度的强弱和机体应对应激产生应答的程度受多种因素的影响,这主要与机体的健康水平、运动环境、采取的运动方式、运动负荷,以及有害因子的暴露时间、暴露频率和暴露浓度有密切的关系。

①认知和记忆能力:细颗粒物会影响大鼠的认知和记忆能力,导致其学习和记忆能力下降。研究发现,长期暴露于细颗粒物环境中的大鼠,其海马区神经元数量减少,且学习和记忆能力明显下降。②运动能力和协调能力:细颗粒物也会影响大鼠的运动能力和协调能力,导致其运动障碍,如运动减缓、步态不稳等。研究发现,长期暴露于细颗粒物环境中的大鼠,其运动能力和协调能力明显下降,且运动障碍的程度与暴露时间和细颗粒物浓度呈正相关。③焦虑和抑郁状态:细颗粒物还会影响大鼠的情绪状态,导致其出现焦虑和抑郁等不良情绪。研究发现,长期暴露于细颗粒物环境中的大鼠,其行为表现出焦虑和抑郁等不良情绪,且与暴露时间和细颗粒物浓度呈正相关。

首先,Zn-MT 可以改善大鼠的认知和记忆能力,提高其学习和记忆能力。研究发现,长期补充 Zn-MT 的大鼠,其空间记忆和新陈代谢能力明显提高。其次,Zn-MT 可以提高大鼠的运动能力和协调能力,促进其运动能力和步态的稳定,减少其运动障碍的程度。最后,Zn-MT 具有显著的抗氧化和抗炎作用,可以减轻大鼠体内氧化应激和炎症反应,改善其神经系统功能。研究发现,补充 Zn-MT 可以减少大鼠体内氧化应激物质的生成,降低其神经元损伤和炎症反应,从而保护和改善其神经系统功能。

综上所述,Zn-MT 对运动大鼠行为学的影响主要表现为提高其认知和记忆能力、运动能力和协调能力,以及具有抗氧化和抗炎作用,可以保护和改善其神经系统功能。细颗粒物对运动大鼠行为学的影响主要表现为降低其认知和记忆能力、运动能力和协调能力,以及导致其出现焦虑和抑郁等不良情绪。本章主要研究细颗粒物暴露及补充 Zn-MT 对大鼠行为学的影响,根据大鼠行为学表现进行卒中和神经病学症状评分,探讨环境、运动、Zn-MT 与行为学的多维关系,进而探明彼此间相互作用的机制。

第一节 动物运动行为学指标评价标准

目前,动物行为学评价的方法主要有卒中指数评分和神经病学症状评分。作为评判机体行为学的重要指标,二者对神经系统功能缺损的评定具有重要的作用。

卒中是一种脑血液循环突发障碍的脑血管疾病。卒中指数评分主要指一系列用于评测单侧脑损伤后急性或慢性期感觉运动功能和可塑性的实验方法。卒中指数得分的高低是评定神经系统的功能性指标,也是评价机体对应激反应后行为学的指标之一。当机体受到外界较强的应激时,可以通过机体内的各种缓冲系统和神经体液调节来维持内稳态,在一定程度上降低由于应激带来的行为功能减弱的状况。但是如果所承受的应激强度超过机体的承受能力时,便会造成机体内稳态的紊乱,从而使组织系统的功能遭到破坏,引起某些生理生化指标的紊乱,同时会使行为学出现紊乱的特征。

其评分标准为[54]:总分 25 分,0~3 分为症状组,4~9 分为中间组,可能有损伤,≥10 分明显有损伤。毛发脏乱颤抖:1 分,运动减少或迟钝:1 分,耳触觉迟钝:1 分,头翘起:3 分,眼固定状睁开:3 分,后肢外展呈八字:3 分,上睑下垂:1 分,转圈:3 分,惊厥或爆发运动:3 分,极度衰弱:6 分。

神经病学症状是通过自身动作行为结果而反映与外界环境不平衡时的一种身心紧张状态。

其评分标准为[55]：总分10分，0分正常，1～3分轻度损伤，4～6分中度损伤，7～10分严重损伤。有自发探究：0分，刺激时能走动：1分，正常步态：0分，共济失调：1分，无步态：3分，能进食：0分，不能进食：1分，能饮水：0分，不能饮水：1分，疼痛刺激可移动：0分，仅头或躯干运动：1分，肢体回缩或无反应：2分。大鼠行为学的表现均在运动过程中进行记录，运动结束以后根据记录结果依据评分标准进行统计。

第二节　细颗粒物及 Zn-MT 对运动大鼠行为学的具体影响

大鼠对外界的应激反应是一个复杂的过程，为了保持体内稳态的平衡和维持一定的生理机能，机体在做出反应的过程中，必然会通过各种生理生化指标的变化来进行调节，而这种机体对应激的调节与施加的运动类型、运动方式、运动强度、暴露方式和暴露浓度有关。在行为学的评价中，运动学习、运动发展和运动控制三个环节是三个主要的指标，不同指标反映不同的功能。卒中指数主要反映脑组织损伤的程度；而神经病学症状评分综合反映肌肉前庭运动功能、综合平衡能力，它与卒中指数评分的相关性较高。二者都是行为学评价常用的方法。

一、细颗粒物对运动大鼠卒中指数评分的影响

表 3-1 数据显示，与 EC 相比，ZE 组卒中指数得分下降，LPE、MPE 和 HPE 组卒中指数得分均升高，且表现出剂量相关性反应；和 LPE、MPE、HPE 组相比，其所对应的 ZLPE、ZMPE、ZHPE 组卒中指数得分均降低。

表 3-1 细颗粒物对运动大鼠卒中指数评分的影响

组别	只数/只	卒中指数得分
EC	8	2.75±1.04
ZE	8	1.22±0.35
LPE	8	6.38±2.67**
MPE	8	9.63±3.40**
HPE	8	12.00±5.70**
ZLPE	8	6.22±1.93
ZMPE	8	7.33±1.55▲
ZHPE	8	9.22±2.53▲▲

注：与 EC 比较，* 表示 $p<0.05$，** 表示 $p<0.01$；与 LPE、MPE、HPE 组比较，▲ 表示 $p<0.05$。

通过对实验动物的行为观察发现，安静组大鼠进食正常、体重上升、眼睛有神、安静、反应灵敏、毛柔顺、色光亮；和安静组相比，运动组个别大鼠出现兴奋、跳跃次数多、毛发脏乱颤抖、运动减少或迟钝症状，但是其余大鼠行为学表现正常，根据评分标准运动组的卒中指数得分小于 3 分，属于"症状组"，推测原因主要是本方案为一次性递增速度实验，加之总运动时间较长，因此在个别大鼠行为学上表现出疲劳的症状；和运动组比较，细颗粒物暴露组大鼠的卒中指数得分随着细颗粒物滴注浓度的增加而升高，差异均具有统计学意义。这说明排除单纯的运动导致疲劳的因素外，细颗粒物对大鼠行为功能的干扰作用非常明显，并且随着细颗粒物浓度的增加，各组大鼠的卒中指数得分也随之增加，在高浓度组分值已超过 12 分，根据评分标准属于"明显有损伤"类别。

研究发现，运动大鼠在水平运动、垂直运动后卒中指数得分显著下降，表明大鼠的活动能力水平和活动兴趣均下降[56]。而根据本实验过程中的观察发现，在细颗粒物组中最明显的症状表现在运动减少、迟钝和头翘起，其次为毛发脏乱颤抖，高浓度组的部分大鼠还出现转圈、后肢外展呈八字等症状。这表明细颗粒物暴露可以导致运动大鼠卒中后的神经功能缺陷加剧，表现为神经行为学评分的升高，如肢体运动障碍等。另外，细颗粒物暴露还会增加运动大鼠卒中后的炎症反应，包括促炎细胞因子的表达和神经元的损伤，可能是导致神经功能缺陷加剧的主要原因。同时，细颗粒物暴露还会影响运动大鼠卒中后的血液脑屏障通透性，导致血管内皮细胞的损伤和脑组织水肿，进一步加重神经功能缺陷。

卒中的发生或许伴有细胞内外信息传递的一系列变化，兴奋性氨基酸作用于突触后，受体介导的 Ca^{2+} 超载也许是其产生的原因之一。细颗粒物暴露会加重运动大鼠卒中后的神经功能缺陷，其主要机制可能与炎症反应、血液脑屏障通透性、氧化应激等有关。同时，细颗粒物会影响组织的氧供系统，从而导致糖无氧酵解加速，在 LDH 的作用下使乳酸生成增多，进一步抑制了线粒体能量的生成；而由于腺苷三磷酸（ATP）不足使线粒体泵出 Ca^{2+} 的能力下降，导致细胞内 Ca^{2+} 超载，其结果是 Ca^{2+} 作为中心环节触发了自由基连锁反应，促进部分神经元的坏死，增加运动大鼠卒中后的氧化应激，导致自由基和活性氧的产生，损伤神经元和脑组织，加重神经功能缺陷，进而通过多种途径引起卒中的发生。是否由于细颗粒物造成运动情绪低落，从而导致行为学表现异常仍是我们下一步要探讨的毒理学与心理学关心的问题。

二、细颗粒物对运动大鼠神经病学症状评分的影响

表 3-2 数据显示，与 EC 相比，ZE 组神经病学症状评分下降，LPE、MPE 和 HPE 组大鼠的神经病学症状评分随着细颗粒物浓度的增加而不断升高；和 LPE、MPE、HPE 组相比，其所对应的 ZLPE、ZMPE、ZHPE 组神经病学症状评分百分比均降低。

表 3－2　细颗粒物对运动大鼠神经病学症状评分的影响

组别	只数/只	神经病学症状评分
EC	8	2.11 ± 0.24
ZE	8	2.05 ± 0.18
LPE	8	3.05 ± 0.62
MPE	8	5.72 ± 1.21**
HPE	8	8.44 ± 2.51**
ZLPE	8	2.55 ± 0.71
ZMPE	8	5.33 ± 1.26
ZHPE	8	6.80 ± 1.33▲▲

注:与 EC 比较,** 表示 $p < 0.01$;与 LPE、MPE、HPE 组比较,▲▲ 表示 $p < 0.05$。

　　神经病学症状评分与卒中指数评分的功能类似,都是通过机体对外界应激而导致的内环境变化来反映自身内稳态调节能力的一种指标。当环境变化与自身调节能力不相符的时候,机体便会出现行为学上的异常表现。研究证实,机体处于应激时,其神经内分泌、学习记忆、免疫调节网络、行为能力等均会受到明显的影响[57]。本实验中神经病学症状评分的结果与卒中指数评分结果相似,表现在 LPE、MPE 和 HPE 组大鼠的神经病学症状评分随着细颗粒物浓度的增加而升高,且呈一定的剂量-反应关系。这主要是细颗粒物暴露后,导致应激时下丘脑-垂体-肾上腺(HPA)轴兴奋,促皮质释放激素分泌量增多,导致大鼠内分泌功能失调,同时通过性腺轴的适应性变化,引起血清中睾酮水平降低,而皮质醇水平显著升高。产生的主要中枢效应为:抑郁、焦虑等情绪行为改变,并且在应激反应中 HPA 轴起到了将神经信息转换成生理反应的模式[58],针对滴注细颗粒物的运动大鼠来说,这种模式的改变将会影响其运动能力、运动表现及生理状态的改变。

　　总之,和运动对照组比较,大鼠的卒中指数和神经病学症状评分随着细颗粒物暴露浓度的增加而上升。结合卒中指数和神经病学症状评分标准,主要体现在自主性运动速度降低、运动行为迟钝,高浓度组的部分大鼠在运动过程中出现毛发脏乱无光泽、间歇性颤抖、逃避运动,在运动后期个别出现衰弱症状,需器械辅助才能进行运动。本实验的结果表明,运动强度和细颗粒物暴露浓度是影响大鼠运动能力的两个重要因素,尤其是高浓度的细颗粒物暴露会造成大鼠的运动行为功能减弱。其机制是细颗粒物进入血液循环以后,影响到机体的内稳态平衡,从而导致包含神经系统在内的功能受到抑制,同时触发或者加剧破坏了氧化与抗氧化系统的平衡。另外,运动时能量的供应需要离子的转运,而卒中的发生伴有细胞内外信息传递的一系列不稳定性变化,Ca^{2+}超载是导致细胞损伤甚至凋亡的机制之一,运动医学界认为运动疲劳和恢复与钙稳态和钙超载也有密切的关联。另外,从运动过程中大鼠的行为表现来推测,细颗粒物暴露是否会造成运动情绪低落从而导致卒中指数升高还需进一步探讨,但是这种细颗粒物暴露浓度的变化,可以理解为是大鼠运动行为和大脑组织病理学改变之间的一种表现形式。室内空气污染对神经系统的损伤是颗粒物常见的毒性效应表现之一,这主要和氧化与抗氧化系统的失衡有关。本实验中神经病学症状评分表现在染毒组高于运动组,也呈一定的剂量-反应关系。由于神经病学症状评分与机体的前庭运动功能密切相关,因此在高剂量细颗粒物组大鼠出现共济失调和肢体回缩或无反应症状。其他研究也发现,运动大鼠在水平运动、垂直运动后活动能力水平和活动兴趣均下降,这说明了细颗粒物暴露会对大鼠的行为学功能产生不良的影响。其机制是大鼠在细颗粒物暴露和运动的双重刺激下,氧化损伤可能引起神经递质的异常产生与释放,导致神经兴奋或抑制性毒性作用,由于机体的反应不足以平衡这种应激水平,因此其神经内分泌、学习记忆、免疫调节网络、行为能力等均会受到明显的影响。产生的主要中枢效应为:抑郁、焦虑等情绪行为改变,并且在应激反应中 HPA 轴起到了将神经信息转换成生理反应的模式,从而影响到大鼠行为学方面的功能,并进一步造成运动行为的反应迟缓。因此,细颗粒物暴露对运动大鼠行为学的影响,归根结底是细颗粒物毒性导致大脑神经系统氧化损伤,诱导学习记忆功能障碍,这些神经指标的异常表达和神经系统的功能异常反映到行为学上,表现为学习记忆和运动能力降低。

三、补充 Zn-MT 对滴注细颗粒物后大鼠行为学评分的影响

当神经元损伤后,通过可扩散性因子或直接的细胞与细胞的接触(如邻近细胞的突触缠绕)使星形胶质细胞内 MT 表达升高,星形胶质细胞内生成的 MT 再通过突触传递或直接转运出细胞外,而加速损伤神经元轴突的修复和再生。脑损伤后表达升高的 MT,不仅通过直接作用于神经元增强其修复能力,同时还能通过阻止引起损伤的信号通路而对神经元起保护作用。

在补充 Zn-MT 后,和相应的 LPE、MPE、HPE 组相比,ZLPE、ZMPE、ZHPE 卒中指数得分均下降,神经病学症状评分也明显降低,这说明 Zn-MT 在改善滴注细颗粒物后运动大鼠行为学方面具有很好的作用;由于卒中指数评分是主要用来评价急性感觉运动功能障碍和可塑性的实验方法,因此补充 Zn-MT 后卒中指数得分的降低,表明 Zn-MT 可以通过自身的生理功能修复部分脑神经的损伤或者神经功能的紊乱,使机体对外界的应激反应得到一定程度的恢复,从而通过调节机体的内稳态水平缓解应激造成的行为功能减弱的情况。另外,Zn-MT 可以减轻细颗粒物暴露导致的行为学缺陷,如运动能力、记忆和学习能力等方面的下降;减轻细颗粒物暴露导致的焦虑和抑郁行为,如探索和活动行为的增加;减轻细颗粒物暴露导致的神经元损伤和炎症反应,如降低海马区神经元死亡和突触损伤,减少促炎细胞因子的表达。由于 Zn^{2+} 可以作为酶和辅酶的必需成分或辅助因子而发挥作用,形成具有特殊功能的金属蛋白等[59],因此推测

Zn-MT这种修复作用主要是通过蛋白本身及 Zn^{2+} 的参与,通过神经体液调节系统,参与脑组织功能的行使及在神经信息传递过程中的平衡调节,这也许是在补充 Zn-MT 后所有大鼠的神经学症状评分下降的机制。

第三节　本章小结

体育运动对于人的心理健康具有明显的积极影响,身体锻炼能有效地增强人的自我效能感,改善抑郁、焦虑等心理障碍。并且,这些心理效应的改善与身体的锻炼强度、锻炼的方式、锻炼时间密切相关。但运动员要取得好的比赛成绩,必须经过长期的、大强度的、循环性的运动训练,这种训练和比赛的压力会导致慢性应激及其相关疾病的发生。加之运动员对训练环境质量需求层次的提高,因此通过研究细颗粒物污染环境中的运动及补充 Zn-MT 对大鼠行为学的影响,观察和测定行为学指标评分,寻求有效的防治心理应激的方法和手段,探讨环境、运动、Zn-MT 与行为学的多维关系,进而为探明彼此间相互作用的机制,改善运动人群的运动环境,提高训练效果,增进机体健康提供科学的理论依据。

细颗粒物是一种空气污染物,长期暴露会对人类和动物的健康造成不良影响。同时,Zn-MT 是一种天然的金属蛋白质,具有抗氧化、抗炎和保护神经元等作用,可以对抗细颗粒物对神经功能的损伤。细颗粒物暴露对运动大鼠的行为学评分主要表现为神经功能缺陷加剧、炎症反应增加、血液脑屏障通透性增加和氧化应激加剧等。暴露于细颗粒物后,大鼠的运动能力和空间学习能力显著下降。另外,细颗粒物暴露还可以引起大鼠神经元凋亡和炎症反应的增加,从而导致记忆和学习能力受损。

而 Zn-MT 的应用可以减轻细颗粒物暴露导致的神经功能缺陷和炎症反应,提高大鼠的运动能力、记忆和学习能力,减轻焦虑和抑郁行为。具体来说，Zn-MT 可以降低海马区神经元死亡和突触损伤，减少促炎细胞因子的表达，从而保护神经元免受细颗粒物暴露的损伤。通过补充 Zn-MT 可以减轻细颗粒物暴露导致的行为学能力下降，并且提高大鼠的空间学习和记忆能力。

第四章

细颗粒物对运动大鼠氧化系统的影响及 Zn-MT 的拮抗作用

运动场馆环境质量是关系到运动参与者身心健康和取得运动成绩的关键因素。细颗粒物作为空气污染中一类主要污染物,其对人体健康所产生的危害效应在环境科学和运动科学领域一直备受关注。尤其是在运动状态下,当室内空气中污染物的含量超过了人体所能适应或正常的生理范围后,就会引起感觉不适,导致运动者气道阻力增加、肺通气功能下降,引起氧化应激。且运动强度越大,吸入的颗粒物越多,对机体健康的危害性越大。机体在运动应激状态下通过氧化-抗氧化-免疫网络维持机体内稳态系统的稳定,体内自由基的生成量与清除量保持着动态平衡。

机体内抗氧化酶是一种重要的生物分子,它们的主要作用是清除自由基和其他氧化剂,防止氧化应激引起的细胞损伤。以下是常见的机体内抗氧化酶种类及其作用。

(1)谷胱甘肽过氧化物酶(GSH-Px):GSH-Px 是一种重要的抗氧化酶,可以将过氧化氢等有害物质转化为无害的水和氧气。GSH-Px 的存在可以保护细胞免受氧化应激的损害,维持机体正常的氧化还原平衡。

(2)超氧化物歧化酶(SOD):SOD 是另一种重要的抗氧化酶,可以将超氧阴离子自由基转化为无害的氧气和过氧化氢。超氧自由基是一种非常活跃的自由基,会引起氧化损伤,导致 DNA、蛋白质等生物分子的损伤。

(3)过氧化氢酶(CAT):CAT 是一种酶,可以将过氧化氢转化为水和氧气。过氧化氢是一种非常活跃的氧化剂,它会引起细胞和组织的氧化损伤,导致细胞死亡和组织功能受损。

抗氧化酶在机体防御氧化应激方面具有重要的作用,它们的存在可以保护细胞和组织免受氧化损伤的影响,对维持机体的健康至关重要。但是由于机体内稳态的变化或者外来应激因素使自由基生成过量,或抗氧化防御体系的弱化,便会使自由基的含量增加,导致细胞或组织的损伤。而细颗粒物作为目前空气污染的主要危害因子,可以穿过肺泡间质进入血液循环,对全身多个系统的健康造成危害,尤其是在运动状态下对机体的影响更大。细颗粒物具有吸附金属离子的特性,而这些金属离子可通过一系列的生物化学反应在体内生成活性氧和羟基自由基[60]。细颗粒物也可以诱导其他生物反应从而引起体内的氧化应激反应;细颗粒物进入机体后,与各组织接触释放其生物毒性,另外也可通过其他多种途径产生更多的自由基,从而加重机体的氧化反应[61,62]。组织中的还原型物质如抗氧化酶和其他抗氧化物质等可将氧化型醌类物质还原,再产生超氧阴离子自由基,这种持续的生物循环反应会对机体产生连续的损害。有研究发现利用电子自旋共振技术可以测出颗粒物中含有稳定的半醌类自由基,而它们可吸附于颗粒物表面并具有持久的氧化还原活性。质粒实验研究发现,颗粒物表面所黏附的物质具有自由基活性,可破坏质粒 DNA[63]。

研究发现,如果机体暴露于空气颗粒物中一段时间后,机体可发生氧化应激损伤和组织炎症反应,结果使脂质过氧化物水平升高,抗氧化酶活性降低[64],这主要与超氧阴离子自由基和过氧化氢的产生有关[65]。其主要病理机制是引发脂质过氧化反应、削弱抗氧化能力，使细胞产生氧化损伤，进而可引起呼吸功能改变、肺纤维化、慢性支气管炎、肺气肿等疾病。而颗粒物诱导型一氧化氮合酶的低甲基化现象可能是产生氧化应激和发炎症状的潜在机理之一[66]。颗粒物进入机体以后，还可以通过氧化还原反应及多形核白细胞吞噬颗粒物过程释放出活性氧[67]。此外，一些颗粒物所含的成分本身就具有自由基活性，并且还可以使组织上皮细胞和巨噬细胞相互作用，释放出活性氧，攻击不饱和脂肪酸含量较高的膜系统如细胞膜、线粒体膜等，使这些膜结构受到破坏，膜的通透性和流动性发生改变，带来诱导型一氧化氮合酶的低甲基化，攻击蛋白质、核酸等生物大分子，使之发生链内或链间的交联、断裂，导致细胞本身及邻近细胞受到损害[68]。

本章主要研究细颗粒物对大鼠各组织抗氧化指标活性及自由基含量的影响，同时通过研究补充 Zn-MT 和运动后自然恢复 24 小时对细颗粒物毒性的缓解作用，为揭示细颗粒物对运动机体的氧化毒性作用机制及缓解措施提供更进一步的实验参考。

第一节　Zn-MT 对细颗粒物暴露大鼠抗氧化指标活性的影响

一、Zn-MT、运动及细颗粒物暴露对大鼠血清抗氧化指标的影响

图 4-1 显示，和 QC 组相比，EC 组 GSH 和各抗氧化酶活性下降，且 GSH、GSH-Px 差异有统计学意义；和 EC 组相比，ZE 和 ER 组抗氧化酶和 GSH 活性有上升趋势，其中 ZE 组 CAT 和 GSH 差异有统计学意义，ER 组 GSH、GSH-Px 差异有统计学意义；LPE 组和 EC 组相比，GSH 和其他酶活性均下降，且 CAT、GSH、T-SOD 差异有统

计学意义；MPE、HPE 组 GSH 和各抗氧化酶活性下降且与染毒剂量有相关性，其中 MPE 组 GSH-Px 差异有统计学意义，HPE 组各酶均有统计学意义；ZLPE 组和 LPE 组相比 GSH 和抗氧化酶活性均上升且 CAT、GSH-Px、GSH 差异有统计学意义；ZHPE 组和 HPE 组相比除 T-SOD 外，其余指标升高，且 GSH、GSH-Px、T-SOD 差异有统计学意义；和 LPE、MPE、HPE 组相比，除了 ZHPE 组 T-SOD 活性下降外，ZLPE、ZMPE、ZHPE 组其余指标活性均升高，LPER、MPER、HPER 组指标活性均降低。

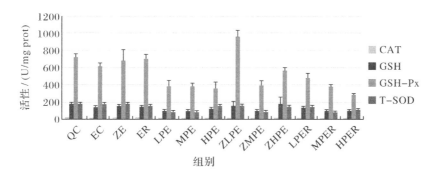

图 4-1 Zn-MT、运动及 $PM_{2.5}$ 对大鼠血清抗氧化指标的影响（$n=8$）

机体内主要的抗氧化酶包括 GSH-Px、CAT、T-SOD 等，它们在不同组织中的含量和分布也各不相同，主要通过血液循环部分存留于血液中。正常情况下，生物体通过抗氧化酶和非酶类物质组成的抗氧化防御系统抵抗自由基的侵袭[69]。

本实验数据结果显示，和安静对照组相比，运动对照组各抗氧化酶指标均下降且差异有统计学意义。这表明此运动强度已造成了机体组织一定程度的损伤，其中下降原因可能是由于此种运动强度造成自由基的大量生成，攻击红细胞并导致红细胞膜结构的大量破坏使细胞内的酶大量外流，导致血清酶升高。和运动对照组相比，低剂量和高剂量细颗粒物暴露大鼠在运动后各抗氧化酶活性均下降,说明此两种浓度的细颗粒物均可以对机体的抗氧化酶系统产生不利影响,这一方面是因为运动和细颗粒物均可以给机体造成一定的氧化损伤,造成细胞膜通透性的可逆性变化,胞内代谢酶逸出,导致血清中酶活性升高,其他的研究也提示细颗粒物对组织器官产生氧化损伤作用[70]。另一方面,运动和细颗粒物的有害作用综合,更加深了抗氧化酶的流失。造成这种现象的原因可能是运动后过氧化氢生成增多,这些自由基与 CAT 和 GSH 中的—SH 结合,大量消耗了组织中的—SH,使酶分子结构或与辅基结合的能力都遭到破坏,从而导致酶活性下降。正常情况下,生物体通过抗氧化酶和非酶类物质组成的抗氧化防御系统抵抗自由基的侵袭[71]。因此本实验中各抗氧化酶的降低提示细胞抗氧化能力降低、脂质过氧化作用增强,细胞可能受到一定程度的氧化应激损伤,具体机制分析如下。

(1)细颗粒物暴露会导致有害物质进入大鼠体内,与细胞内的抗氧化酶发生反应,使其失去活性。细颗粒物中含有的重金属、多环芳香烃等物质都是自由基的重要来源,这些物质会干扰机体的正常代谢,或干预正常氧化还原反应,使含巯基的酶(如 GSH)被重金属和氧化剂损伤,因而使抗氧化酶在拮抗氧化性毒物、维持细胞内钙稳态、调节酶活性等方面的作用减弱。

(2)细颗粒物暴露会导致大鼠体内氧化应激反应的加剧,使得机体需要更多的抗氧化酶来清除自由基和其他氧化剂,从而导致抗氧化酶活性下降。氧化应激反应的加剧会导致机体内自由基增多,使得机体需要更多的抗氧化酶来清除自由基,从而使抗氧化酶活性下降。

(3)运动会增加机体的代谢率,促进氧化代谢产物的生成,从而引起氧化应激反应,导致抗氧化酶活性下降。细颗粒物暴露大鼠在运动后,机体内代谢率增加,使氧化代谢产物增多,从而导致氧化应激反应的加剧,使抗氧化酶活性下降。

综合以上原因,细颗粒物暴露大鼠在运动后 GSH 和各抗氧化酶活性均下降,是由于细颗粒物污染导致有害物质进入体内,直接和间接参与体内生物大分子合成,造成细胞内膜系统损伤,加剧氧化应激反应,使机体需要更多的抗氧化酶来清除自由基和其他氧化剂,从而导致抗氧化酶数量下降。

ER、ZLPE、ZMPE、ZHPE 组 GSH 和其他酶活性出现显著性回升,表明 Zn-MT 和 24 小时的自然恢复可以帮助细颗粒物暴露运动大鼠恢复部分受损的生理功能和抗氧化能力。以下是可能的机制:

(1)细颗粒物暴露运动大鼠在运动后,由于氧化应激反应的增加,可能会导致细胞和组织受到氧化损伤,自然恢复和 Zn-MT 可以帮助机体清除氧化产物,修复受损的细胞和组织结构。

(2)细颗粒物暴露运动大鼠在运动后,由于氧化应激反应的加剧,抗氧化酶的活性可能会下降,自然恢复和 Zn-MT 可以帮助机体恢复抗氧化酶的活性,增强机体的抗氧化能力。

(3)细颗粒物暴露运动大鼠在运动后,可能会引起炎症反应的加剧,自然恢复和 Zn-MT 可以帮助机体降低炎症反应的程度,减轻氧化应激对机体的损伤。

Zn-MT 是一种富含半胱氨酸的金属结合蛋白,是具有保护各种活性氧(ROS)和活性氮(RNS)所致氧化损伤的功能的潜在抗氧化剂[72]。大量研究证实,急性和力竭运动可使机体产生大量自由基,而 MT 具有消除自由基的功能。因此实验中 GSH 和各抗氧化酶的降低提示细胞抗氧化能力降低、脂质过氧化作用增强,细胞受到一定程度的氧化应激损伤。而补充 Zn-MT 后各抗氧化酶指标明显回升,表明 Zn-MT 在一定程度上可以保护机体的抗氧化系统免遭损伤,这与 Zn-MT 中的巯基有密切的关系。另外,锌可能在提高机体抗氧化酶活性方面也充当重要的角色,其具体机制可能有以下三点:①锌离子能够取代有氧化还原作用的活性分子(如体内多余的铁、铜元素),这些活性分子常占据细胞膜及蛋白质的关键部位;②锌还可促进 MT 的合成,这些蛋白可拮抗自由基;③锌可激活 GSH-Px 从而抑制线粒体细胞色素 P450 还原酶系统产生自由基。

二、Zn-MT、运动及细颗粒物暴露对大鼠肺抗氧化指标的影响

图 4-2 显示,和 QC 组相比,EC 组 GSH 和抗氧化酶活性均下降且有统计学差异。和 EC 组比较,ZE 和 ER 组 GSH 和抗氧化酶活性均上升,且 ZE 组 CAT 和 GSH-Px 差异具有显著性。和 EC 组比较,细颗粒物三个浓度组中除了 LPE 组 CAT 活性出现升高之外,其他指标均下降且呈剂量相关性反应,其中:LPE 组 GSH 有显著性差异;MPE 组中 CAT 有极显著性差异,GSH-Px 有显著性差异;HPE 组中 CAT 有显著性差异,GSH 有极显著性差异。和 LPE、MPE、HPE 组相比,其所对应的 ZLPE、ZMPE、ZHPE、LPER、MPER、HPER 各指标均出现显著性升高,且部分酶活性具有统计学意义。

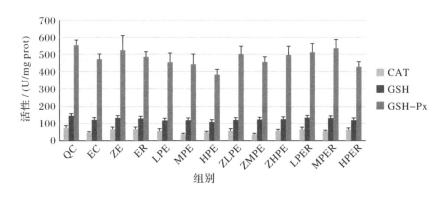

图 4-2　Zn-MT、运动及 $PM_{2.5}$ 对大鼠肺抗氧化指标的影响($n=8$)

由于人体在运动时每分通气量增大,因此在高浓度污染物暴露时进行运动,人体会吸入更多颗粒物携带的有害物质,这些物质经口鼻腔吸入,沿着主支气管的各级分支进入肺部。在此过程中,细颗粒物可能会在呼吸系统各部位中发生沉积,如鼻黏膜、呼吸道、肺泡,导致大量污染物沉积至身体效应器官,一定程度上阻碍了肺泡的气体交换,会出现供氧不足的情况,使肺功能降低,从而诱发各种呼吸系统疾病,最终导致运动能力下降。

抗氧化系统作为内稳态平衡的调节因素之一,可以通过非酶类物质和酶类(如抗氧化酶)构成抗氧化防御的屏障,从而消解自由基对机体内稳态的破坏。细颗粒物的机械损伤和生物化学损伤,会加重呼吸系统的炎症及氧化应激反应。因此,肺中抗氧化酶活性的改变是衡量细颗粒物致肺组织氧化应激反应的重要参考指标。实验显示,细颗粒物三个浓度组中 GSH、CAT 和 GSH-Px 活性整体出现下降趋势且呈剂量相关性反应。推测其可能是由于细颗粒物经过上呼吸道进入肺泡后,细颗粒物中携带的重金属、有机物、硫酸盐和病毒、细菌等在内的其他致病污染物,对肺上皮细胞和覆盖在其表面的呼吸道内衬液构成的抗氧化屏障产生直接损害,导致肺泡内壁上的巨噬细胞在吞噬颗粒物的同时会释放出大量活性氧自由基,使肺细胞变性、凋亡甚至崩解,从而引发氧化应激反应,进而改变正常的肺组织结构,引起肺功能的改变。

24 小时自然恢复组和补充 Zn-MT 组的 GSH、CAT 和 GSH-Px 活性的显著性升高,表明自然恢复和 Zn-MT 对于细颗粒物所致的肺氧化损伤具有一定的缓解作用。运动恢复是指机体在一轮运动结束至机体恢复到平静状态的一段时间内发生的特定生理过程或状态。在有氧运动后的恢复状态下,机体各系统的恢复时间会持续几分钟或几小时。运动恢复不仅是恢复到运动之前的机能状态,也是一个发生诸多动态生理变化的过程。在剧烈运动后,进行低强度的运动恢复能够加速代谢产物的清除，能够有效地消除疲劳，促进体力的恢复。常见的运动恢复有放松慢跑、整理操等。运动恢复可以通过调整体温、呼吸，改变血流速度，提高机体的适应性和抗疲劳能力，还可以减轻肌肉张力和肌肉损伤的发生，延长运动时间；同时通过休息和恢复，还可以使免疫系统得到提升，提高身体的抵抗力，从而对抗自由基和其他氧化产物的攻击。

补充 Zn-MT 后抗氧化酶活性升高，这与 Zn-MT 中的巯基有密切的关系。另外，锌可能在提高机体抗氧化酶活性方面充当重要的角色，其具体机制可能有以下两点：①锌离子可以竞争性取代铁和铜等具有氧化还原作用的游离离子，而这些游离离子可以和细胞膜及蛋白质的关键部位结合，诱导氧化反应的产生；②锌离子作为金属硫蛋白的重要成分，可以促进金属硫蛋白在体内的合成，从而拮抗自由基产生的有害作用。

三、Zn-MT、运动及细颗粒物暴露对大鼠 BALF 抗氧化指标的影响

图 4－3 显示，和 QC 组相比，EC 组各指标活性显著性降低。和 EC 组相比，ZE 和 ER 组各指标活性均上升。和 EC 组比较，LPE 组中除了 CAT 活性下降之外，GSH、GSH-Px、T-SOD 活性均上升，并且 GSH-Px 有极显著性差异；MPE 组中除了 GSH 活性升高且有显著性差异之外，其他酶活性下降且 GSH-Px 有极显著性差异；HPE 组中 GSH 活性升高且有显著性差异，CAT、GSH-Px、T-SOD 活性下降且 GSH-Px、T-SOD 两种酶活性有显著性差异。和 LPE、MPE、HPE 组相比，其所对应的 ZLPE、ZMPE、ZHPE 组各指标活性均出现不同程度升高且 GSH-Px 有极显著性差异；而 LPER、MPER、HPER 组和三个剂量组相比，除了 LPER 组各指标活性出现恢复性升高外，MPER 和 HPER 组指标活性均降低，且 LPER 组 GSH-Px

和T-SOD两种酶活性有极显著性差异，MPER 和 HPER 组 GSH-Px
有极显著性差异。

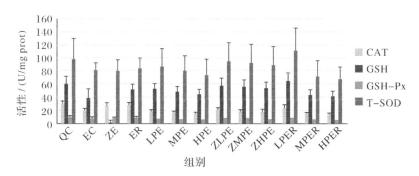

图 4 - 3　Zn-MT、运动及 PM$_{2.5}$对大鼠 BALF 抗氧化指标的影响($n=8$)

　　肺通气功能能保证运动员在大强度训练或比赛的时候有足够的
氧气供应，也是评价空气污染对呼吸系统的影响和反映肺部功能的
早期敏感性指标。然而由于机体基础生理状态的不同和运动时的肺
通气功能的瞬时变化[73]，细颗粒物对肺损伤的主要表现也不同。空
气污染对肺通气功能的影响是通过对整个机体功能和呼吸系统局部
机能损害综合作用的结果[74]。PM$_{2.5}$的机械损伤和生物化学损伤，会
加重呼吸系统的炎症及氧化应激反应。因此，BALF 中抗氧化酶活性
的改变是衡量 PM$_{2.5}$致肺组织氧化应激反应的重要参考指标。

　　本实验数据显示，EC 组和 QC 组相比，肺及 BALF 中各指标活
性下降，表明运动对肺组织抗氧化能力有所损伤，但在 BALF 中
MPER 和 HPER 组却出现了与肺组织各指标活性变化相反的现象，
即 MPER 和 HPER 组各指标活性均降低，且 GSH-Px 差异有统计学
意义。这种结果说明，虽然同为表现肺功能的 BALF，但对不同指标
的变化具有一定的差异。针对本实验结果，分析其变化的机制是：相
对于肺组织来说，BALF 更显示出了对细颗粒物滴注浓度的敏感性和
脆弱性，因此在中、高剂量滴注并在 24 小时恢复后仍不能恢复受损的

抗氧化系统。同时这些结果也提示,中、高浓度的细颗粒物滴注对 BALF 中抗氧化酶的损伤存在连续性或惯性效应,其毒性效应表现为至少 24 小时内的抑制活动,引发对 BALF 的毒性效应。细颗粒物对运动大鼠 BALF 的影响在 24 小时后尚未恢复,可能因为其对肺部、呼吸道和免疫系统的持久性影响。为了更好地了解这种影响,需要进行更深入的探索,包括对不同时间段、不同暴露条件下的影响等进行详细的研究。

具体而言,细颗粒物可以通过直接刺激肺泡上皮细胞和肺泡巨噬细胞来引起肺部炎症反应,从而导致 BALF 中炎症细胞数量增加。此外,细颗粒物还可以诱导氧化应激反应,使 BALF 中氧化产物的水平升高,同时降低抗氧化酶(如 SOD 和 GSH-Px)的活性,从而对 BALF 的抗氧化能力产生负面影响。

另外,本实验为一次性递增负荷训练,每一次负荷的增加都会使机体处于较强的氧化应激状态中,这种脉冲式的氧化应激使机体的抗氧化酶出现竞争性下降,分析其原因主要是同一组织对不同指标的敏感性不同造成的。

由于不同抗氧化酶的底物特异性、亲和性以及在细胞中的位置不同,而且机体内决定抗氧化酶活性的一些因素很大程度上取决于外界应激源及干扰因素的不同,同时与细胞内环境和酶分子本身的结构特点也有密切的关系,因此和 EC 组相比,中高浓度细颗粒物暴露组各指标的活性较低剂量组呈现总体性降低趋势。细颗粒物对 BALF 的影响还可能与细颗粒物的来源、浓度、暴露时间等因素有关。例如,高浓度的细颗粒物暴露可能会导致更严重的肺部炎症反应和氧化应激反应,其主要机制可能是 $PM_{2.5}$ 中的重金属、有机物本身对敏感的转录因子进行表达而产生 ROS,或通过谷胱甘肽、还原型辅酶 II(NADPH)的电子转移产生自由基。当氧化应激增强时,细胞内 ROS 水平的升高导致溶酶体膜损伤,刺激肺组织与系统炎症因子和氧自由基的释放,继而促使氧化损伤。染毒组 GSH 含量下降但仍高于 EC 组,推测随着 $PM_{2.5}$ 剂量的增加,大鼠运动过程中过氧化氢生成增多,这些自由基与 GSH 中的—SH 结合,大量消耗了组织中的—SH,加速了抗氧化酶的流失。染毒组 GSH 高于 EC 组,说明细颗粒物染毒和力竭运动中自由基的增加反过来促进了氧化型谷胱甘肽(GSSG)向还原型谷胱甘肽的转变,拮抗自由基的损伤。

Zn-MT 是一种含锌的蛋白质,具有一定的抗氧化作用。24 小时恢复及补充 Zn-MT 后运动大鼠 BALF 中的抗氧化酶活性总体呈上升趋势,这可能与以下因素和机制有关:①Zn-MT 的抗氧化作用。Zn-MT 本身具有一定的抗氧化作用,可以减少氧化应激反应的产生,从而促进 BALF 中抗氧化酶的活性。因此,补充 Zn-MT 可能会增强 BALF 中抗氧化酶的活性。②运动后的恢复。运动后,机体会出现一定程度的氧化应激反应,导致 BALF 中抗氧化酶的活性下降。但是,24 小时之后,机体会逐渐恢复正常状态,BALF 中抗氧化酶的活性也会逐渐恢复,从而促进 BALF 中抗氧化酶活性的提高。③运动和 Zn-MT 的协同作用。运动和 Zn-MT 可能会产生协同作用,从而促进 BALF 中抗氧化酶的活性。例如,Zn-MT 可以增强运动后机体对氧化应激反应的适应能力,从而增强 BALF 中抗氧化酶的活性。

综上所述,运动后 24 小时恢复并补充 Zn-MT 后,大鼠 BALF 中的抗氧化酶活性总体呈上升趋势,可能与 Zn-MT 的抗氧化作用、运动后的恢复以及运动和 Zn-MT 的协同作用有关。

四、Zn-MT、运动及细颗粒物暴露对大鼠心脏抗氧化指标的影响

图 4-4 显示,和 QC 组相比,EC 组 GSH 和其他两种酶活性均下降,GSH、GSH-Px 有显著性差异,T-SOD 有极显著性差异。和 EC 组比较,ZE 组各指标活性分别上升,并且 T-SOD 有极显著性差异;ER 组各指标活性均上升,GSH 有显著性差异,T-SOD 有极显著性差异。和 EC 组比较,LPE、MPE、HPE 组 GSH、GSH-Px、T-SOD 活性均呈剂量相关性下降,且 LPE 组中 T-SOD 有显著性差异,HPE 组中 GSH、GSH-Px 有显著性差异,T-SOD 有极显著性差异。和 LPE、MPE、HPE 组相比,其所对应的 ZLPE、ZMPE、ZHPE 及 LPER 组各指标活性均出现不同程度升高,且具有显著性和极显著性差异;但是在 MPER 和 HPER 组中,各指标活性和其对照组相比均有继续下降的趋势,且 MPER 组 GSH 有显著性差异。

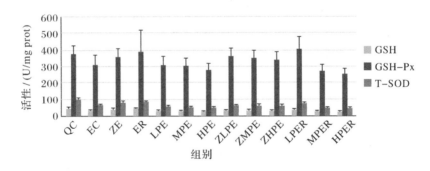

图 4-4 Zn-MT、运动及 $PM_{2.5}$ 对大鼠心脏抗氧化指标的影响($n=8$)

流行病学研究认为,急性或长期暴露于大气颗粒物能引起心血管疾病发病和死亡率的急剧增加。这种增加的机制和颗粒物暴露引起心血管系统氧化应激损伤和炎症等有关,通过抑制心肌组织抗氧化能力和增加氧化自由基的产生,并引起炎症因子水平的升高,从而诱发心血管疾病。大气颗粒物在对心血管系统的影响中存在交互作

用,细颗粒物对心血管系统的有害作用,造成心血管疾病发病率和死亡率的升高。心脏作为心血管系统的动力器官,其受到外界应激后会引起结构与功能的改变。

适度的运动可以促进心肌组织中抗氧化酶的活性,从而增强心肌组织的抗氧化能力,抵御氧化应激反应带来的损伤。但是本实验结果表明,心肌组织各抗氧化酶活性在运动及细颗粒物滴注后下降,且在滴注组随着滴注浓度的升高各酶活性下降得更明显,这说明虽然心肌组织中同样存在一些抗氧化酶如 SOD、GSH-Px 等,可以对细颗粒物带来的氧化应激反应进行清除和缓解,但是在抵抗运动和细颗粒物带来的氧化损伤中,细颗粒物可以通过多种途径对心肌组织产生氧化损伤,例如直接刺激心肌细胞产生氧化应激反应,或者通过诱导炎症反应、自由基产生等途径间接导致氧化损伤。

MDA 含量的高低间接反映了机体细胞受自由基攻击的严重程度,而抗氧化酶可以清除机体内的自由基。缺乏或耗竭抗氧化酶会促使许多有毒化学物质或不良环境因素对机体产生中毒作用或加重其毒性作用。因此,心肌组织中 MDA 和抗氧化酶的含量是衡量心肌组织氧化损伤和抗氧化能力大小的重要指标。本研究结果表明,细颗粒物暴露组大鼠心肌组织中各指标活性低于运动对照组,说明急性细颗粒物暴露不仅造成大鼠心肌组织的氧化损伤、抑制抗氧化功能,而且引起了心脏的炎症反应,这证明虽然适量的运动可以增加心肌组织中抗氧化酶的活性和含量,但可能需要一定的强度控制来实现。在短期的运动中,尤其是在高强度运动中,抗氧化酶活性和含量可能无法达到最大水平,导致细颗粒物暴露组大鼠心肌组织中抗氧化酶含量高于运动对照组。推测这些原因主要如下。

(1)运动或者细颗粒物污染暴露造成了包括心肌结构改变、心肌间质胶原改建,以及心脏生物化学及心脏功能改变等方面的变化,由于过度运动负荷可导致心肌细胞纤维化,心肌发生缺血性损伤,从而使心脏的抗氧化能力和心泵功能等生理机能受损。

（2）进入呼吸系统的细颗粒物可通过血液循环引起心脏的氧化应激和炎症反应，通过激活凝血机制，削弱心脏的抗氧化功能，最终引发心血管系统损伤。

（3）细颗粒物作用于心脏后，其本身所吸附的有害物质会产生自由基，作用于细胞膜脂质、蛋白质、DNA，引起膜脂质过氧化、蛋白质氧化或水解、诱导或抑制蛋白酶活性、介导血管内皮细胞的氧化应激损伤，引起心血管系统一系列病理生理改变，进而使心脏的抗氧化能力下降[75]。

（4）由于本实验大鼠的运动方案为一次性急性递增负荷实验，因此大鼠在运动过程中的肺通气量会在短时间内大幅度增加，同时中、高剂量的$PM_{2.5}$由于携带更多的有害物质，会通过肺部进入血液循环，从而引起心脏的氧化应激反应。有研究表明，$PM_{2.5}$对大鼠心脏氧化损伤程度随$PM_{2.5}$浓度的增加而增加，说明其抵抗自由基能力变弱。抗氧化酶活性的下降，诱导或抑制蛋白酶活性，引起心血管系统一系列病理和抗氧化能力的下降。

24 小时恢复及补充 Zn-MT 后，心脏抗氧化酶活性总体呈回升趋势，表明自然恢复及补充 Zn-MT 可以拮抗由于细颗粒物导致抗氧化酶活性下降的情况，减轻氧化剂引起的心肌细胞损伤，因而抗缺血再灌注损伤能力更强。Zn-MT 能够协助 SOD 歧化体内的超氧阴离子，先使之成为 H_2O_2，然后由 CAT 和 GSH 再分解 H_2O_2 和氢过氧化物，起到对自由基的防御作用，从而降低自由基对心肌细胞的损害。同时运动后的自然恢复会使心肌组织发生形态上的良性变化，如毛细血管增生恢复，线粒体密度增加，发生良性改变，使心肌细胞获得氧的能力增强。

五、Zn-MT、运动及细颗粒物暴露对大鼠肝脏抗氧化指标的影响

图 4-5 显示，和 QC 组相比，EC 组各抗氧化指标活性均下降，且除 T-AOC（总抗氧化能力）外，其余各指标具有统计学意义（$p < 0.05$、$p < 0.01$）；和 EC 组比较，ZE 和 ER 组抗氧化指标活性均呈升高趋势，且 ER 组 GSH、GSH-Px、T-AOC、T-SOD 均有显著性差异（$p < 0.05$）；和 EC 组比较，LPE、MPE、HPE 组各抗氧化指标活性均显著下降，且 LPE 组中 GSH 和 T-SOD 有显著性差异（$p < 0.05$），MPE 组中 GSH、GSH-Px 和 T-SOD 有显著性差异（$p < 0.05$），HPE 组中 GSH 有极显著性差异（$p < 0.01$），T-SOD 有显著性差异（$p < 0.05$）；和 LPE、MPE、HPE 组相比，除了 MPER、HPER 组中 T-AOC 和 LPER、MPER 组中 T-SOD 活性下降外，其所对应的 ZLPE、ZMPE、ZHPE 组及 LPER、MPER、HPER 组 GSH、GSH-Px 活性均呈现不同程度升高，并且 ZLPE 组 GSH 和 T-SOD 有显著性差异（$p < 0.05$），ZHPE 组 GSH-Px 有显著性差异（$p < 0.05$），LPER 组 GSH 和 T-SOD 有极显著性差异（$p < 0.01$），MPER 组中 GSH 有显著性差异（$p < 0.05$），GSH-Px 有极显著性差异（$p < 0.01$）。

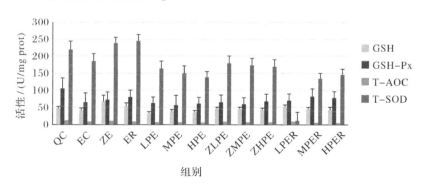

图 4-5 Zn-MT、运动及 $PM_{2.5}$ 对大鼠肝脏抗氧化指标的影响（$n = 8$）

肝脏是机体重要的代谢与解毒器官,其功能与运动关系密切,在受到外来应激时,其生理生化指标会出现明显的变化。由于需要血糖来维持机体运动时的能量供应,并且当代谢产生的氨、乳酸等代谢产物较多时,肝脏可以依靠自身的代谢来缓解这些物质对机体的损害,通过代谢物的分解排泄来维持机体的运动能力,因此大强度剧烈运动会导致肝脏产生异常的代谢变化和不同程度的代谢紊乱,同时使肝细胞的一些结构和功能发生变化[76]。

实验结果显示,和安静组相比,运动对照组肝脏酶活性的降低具有协同作用,GSH、GSH-Px、T-AOC、T-SOD 的活性均下降,表明本实验运动强度对肝脏组织代谢及抗氧化酶活性起到了抑制作用。同时这也说明运动作为一种外在应激,可以增强机体的氧化应激,生物膜中的多不饱和脂肪酸发生了脂质过氧化反应,使机体的活性氧信号传递氧化功能增强[77],当自由基的产生量超过肝脏组织细胞所承受的阈值后,细胞对抗高浓度自由基的能力则下降,从而导致抗氧化酶活性的降低。剧烈运动后大鼠肝脏抗氧化酶活性下降,可能与运动的强度和机体代偿有关。

抗氧化酶是一类与肝脏解毒有关的酶,其通过与外来自由基生成物质进行生物反应,降低该物质的活性,加速其排泄,达到解毒的效果[78]。抗氧化酶是在氧化应激增强的情况下诱导产生的,但是若应激过强,则抗氧化酶活性会下降。本实验中抗氧化酶活性的下降表明肝脏的功能受损,另外,由于 GSH 和 GSH-Px 同属于谷胱甘肽抗氧化系统,因此在本实验数据 GSH 和 GSH-Px 有共同的变化趋势。T-AOC 是用于衡量机体抗氧化系统功能状况的综合性指标,它的大小可以代表机体抗氧化酶系统和非酶系统性能的状态,与机体防御体系密切相关,直接反映机体的健康程度[79]。过度运动可引起机体内源性自由基生成增加,降低机体的抗氧化能力,造成机体损伤。肝脏是机体物质代谢的重要器官,运动时肝组织自由基代谢及抗氧化酶的变化较为明显,本实验运动后肝脏 T-AOC 活性平均值从 12.14 降低到 7.43,降低百分比达 39%,这也与其他抗氧化酶表现出一致性,同时也表明本实验递增负荷运动可以抑制机体的抗氧化系统,从而使肝脏对抗自由基的能力减弱。

实验中 LPE、MPE、HPE 组和 EC 组相比,这是细颗粒物的毒性导致了肝脏微损伤的发生,使肝脏微结构产生变化、代谢产物堆积、自由基增多、肝细胞膜通透性增加,这也是机体自动调节的保护性代偿机制。研究认为,当机体自由基含量增加时,机体自身的抗氧化能力会受到一定的影响。GSH、GSH-Px、T-AOC 活性下降,表明细颗粒物可以使羟基自由基、过氧化氢和单线态氧的氧化能力增强,抑制肝脏相关抗氧化酶的合成或分泌,从而不利于肝脏代谢机能和抗氧化机能的提升。运动后恢复和补充 Zn-MT 后,各组酶活性均出现不同程度升高,表明二者可以通过提高抗氧化酶的活性来抑制自由基导致的肝脂质过氧化损伤作用,提高机体清除氧自由基的能力,维护细胞膜结构和功能的完整性。MT 能保护(修复)细颗粒物导致肝的氧化损伤机制,可能与其特有的分子结构有关。在细颗粒物的环境中运动后,给予一定量的 MT 能够清除过多自由基,减缓肝组织脂质过氧化程度,降低肝组织的自由基损伤。

六、Zn-MT、运动及细颗粒物暴露对大鼠肾脏抗氧化指标的影响

运动及不同浓度细颗粒物滴注对大鼠肾脏抗氧化指标活性的影响见图 4－6,从活性数值变化可看出,不同分组当中各指标活性的变化是不一致的。和 QC 组相比,EC 组各抗氧化指标活性均升高,并且 GSH 有极显著性差异($p < 0.01$),GSH-Px 有显著性差异($p < 0.05$);和 EC 组比较,ZE 和 ER 组抗氧化指标活性呈继续上升趋势;和 EC 组相比,LPE、MPE、HPE 组各抗氧化指标活性均呈现剂量相关性下

降,且 LPE 组中 GSH-Px 和 T-SOD 有显著性差异($p<0.05$),MPE 组中 GSH 有显著性差异($p<0.05$),HPE 组中 GSH 有极显著性差异($p<0.01$),T-SOD 有显著性差异($p<0.05$);和 LPE、MPE、HPE 组相比,其所对应的 ZLPE、ZMPE、ZHPE 及 LPER 组抗氧化指标活性均出现不同程度升高,但是在 MPER 和 HPER 组中,三种指标活性和其对照组相比均有恢复性下降,且 HPER 组 GSH 和 T-SOD 差异有统计学意义($p<0.05$)。

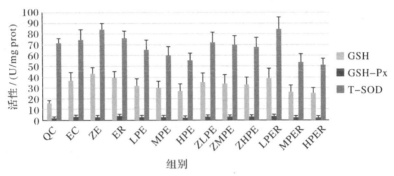

图 4-6　Zn-MT、运动及 $PM_{2.5}$ 对大鼠肾脏抗氧化指标的影响($n=8$)

　　实验研究表明,细颗粒物暴露可影响肾功能,加剧肾小管、肾小球的损伤,促进肾纤维化。虽然对细颗粒物暴露影响肾脏机制的研究尚不充分,但初步研究提示其可能和细颗粒物的炎症反应、氧化应激及 DNA 损伤等作用有关[80]。细颗粒物暴露均可导致全身系统性炎症反应,使纤维蛋白原和白介素-6 表达增加,引起小血管和微血管损伤,包括肾小球损伤,影响包括肾脏在内的多个脏器功能。

　　实验数据显示,运动及不同浓度细颗粒物对大鼠肾脏抗氧化指标活性的影响,在不同的分组当中指标活性的变化是不一致的。但在 LPE、MPE、HPE 组各抗氧化指标活性仍表现出和其他组织一样的变化,均呈现剂量相关性下降,说明细颗粒物与肾脏氧化应激反应密切相关。细颗粒物暴露可降低肾细胞的还原型谷胱甘肽/氧化型谷胱甘肽(GSH/GSSG)比值,降低 CAT、GSH-Px 和 SOD 的活性。

细颗粒物附加运动负荷使大鼠肾脏受到广泛损害。分析其原因是：①大鼠在细颗粒物下运动，由于细颗粒物本身的毒性和运动刺激的双重作用造成大鼠体温急剧升高，细胞耗氧量增加，自由基代谢加强；②由于细颗粒物的毒性刺激和运动的作用造成血液的重新分配，肾脏组织的缺血、缺氧造成自由基产生加强，这与细胞内酸中毒及肾脏代谢功能减弱有关。

七、Zn-MT、运动及细颗粒物暴露对大鼠股四头肌抗氧化指标的影响

从图 4-7 可知，和 QC 组相比，EC 组各抗氧化指标活性均升高，其中 GSH 和 GSH-Px 有显著性差异（$p<0.05$）。和 EC 组比较，ZE 组抗氧化指标活性升高，且 T-AOC 有显著性差异（$p<0.05$）；而 ER 组各指标活性则下降。和 EC 组相比，LPE、MPE、HPE 组各抗氧化指标活性均呈现剂量相关性下降，其中除了 T-AOC 之外，其他指标活性均有显著性差异（$p<0.05$）。和 LPE、MPE、HPE 组相比，其所对应的 ZLPE、ZMPE、ZHPE 及 LPER 组各指标活性均出现不同程度升高，其中 ZMPE 组和 LPER 组 GSH 有显著性差异（$p<0.05$），T-SOD 有极显著性差异（$p<0.01$）；而 MPER、HPER 组各指标活性下降，且 MPER 组 T-SOD 有显著性差异（$p<0.05$）。

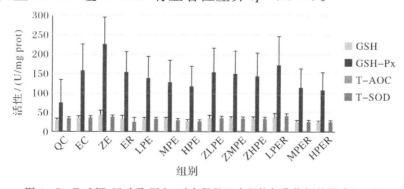

图 4-7　Zn-MT、运动及 $PM_{2.5}$ 对大鼠股四头肌抗氧化指标的影响（$n=8$）

GSH-Px、SOD、CAT 是常见的消除体内自由基的抗氧化酶类。一般生理情况下,体内自由基的清除和生成呈现一种低浓度平衡状态。力竭运动作为一种生理应激,使机体内自由基产量增多,抗氧化酶清除自由基速率低于自由基生成的速率,过量自由基攻击生物膜上多不饱和脂肪酸产生脂质过氧化,导致生物膜结构和功能的改变。这主要表现为生物膜通透性增加,细胞内物质溢出,肌浆网受损,不能正常摄入 Ca^{2+},生成胞浆 Ca^{2+} 堆积,线粒体膜流动性降低,一系列功能紊乱,造成抗氧化酶活性和生成数量及速率下降,进而影响机体的运动能力。

作为运动时机体代谢最旺盛的器官之一,骨骼肌在大强度运动过程中活性氧的产生量大大增加。实验结果显示 EC 组股四头肌组织中抗氧化酶的活性均升高,提示单纯有氧运动刺激能较好地提高抗氧化酶的活性,尤其是运动对骨骼肌的刺激作用,让股四头肌的抗氧化酶活性提高,但对脂质过氧化水平的改善无低氧刺激明显。这表明运动一方面可以通过氧化反应来刺激机体产生更多的抗氧化酶,另一方面也可以通过提高抗氧化酶的活性来抵抗自由基的攻击。

Zn-MT 是一种含有锌和硫元素的蛋白质,它对于人体的健康非常重要,因为它参与了多种生理功能的调节,包括酶活性、抗氧化作用和免疫功能等,其抗氧化能力在运动过程中起着重要的作用[81]。Zn-MT 的摄入可以促进肌肉生长和修复,并且可以提高骨密度和免疫力,还可以增强心血管健康。当人体进行高强度运动时,会产生更多的自由基,因此需要更多的抗氧化酶来清除自由基。Zn-MT 的摄入可以提高肌肉组织中的抗氧化酶活性,从而抵抗自由基的破坏,减少运动后肌肉疲劳和损伤的程度。

ZE 组抗氧化酶活性升高,表明补充 Zn-MT 可以提高运动大鼠股四头肌的抗氧化酶水平,从而增强其抗氧化能力和耐力。Zn-MT

可以降低运动大老鼠的股四头肌氧化应激水平,降低自由基的产生和氧化损伤。同时,补充适当的 Zn-MT 可以增强运动大鼠股四头上肌的保护性和抗损伤能力,从而提高运动表现。此外,补充足够的 Zn-MT 还可以促进运动大鼠股四头肌的修复和再生能力,减少运动大鼠股四头肌的氧化损伤[82]。总的来说,补充充足的 Zn-MT 对于提高运动耐力、增强运动表现和改善运动损伤都有着积极的作用。

运动恢复后股四头肌抗氧化酶活性下降,可能是由于多种原因引起的。①体内自由基的增加:在运动过程中,机体会产生大量的自由基,这些自由基会破坏身体的蛋白质、脂肪、糖分和维生素等营养物质,导致肌肉疲劳和损伤。抗氧化酶可以清除自由基,减少氧化损伤,但是如果自由基水平过高,抗氧化酶无法全部清除,肌肉组织中的氧化损伤会加剧,从而导致抗氧化酶活性的下降。②运动负荷过大:如果运动负荷过大,超过了肌肉组织的耐受范围,会导致肌肉组织的氧化损伤加剧,从而导致抗氧化酶活性的下降。例如,肌肉撕裂、韧带撕裂等肌肉损伤,可以引起自由基的释放,导致抗氧化酶的活性下降。③运动后的机体反应:运动后,身体的反应会增加,尤其是肌肉。当肌肉收缩时,会释放出更多的自由基,从而导致抗氧化能力的下降。

针对细颗粒物对运动大鼠股四头肌抗氧化系统的影响,目前研究结果并不一致,有些研究表明长期暴露于高浓度细颗粒物中的运动大鼠股四头肌抗氧化能力下降,而另一些研究则未能发现类似的结果[83]。本实验结果显示,和 EC 组相比,LPE、MPE、HPE 组各抗氧化指标活性均呈现剂量相关性下降,表明暴露于细颗粒物中的运动大鼠股四头肌组织氧化应激水平升高,同时抗氧化指标活性下降。这意味着细颗粒物的暴露已经导致股四头肌抗氧化系统受损,从而增加氧化应激和肌肉组织损伤的风险。细颗粒物对运动大鼠股四头肌抗氧化系统的影响需要进一步探究。尤其是在复杂环境中,细颗粒物可能与其他环境因素相互作用,导致更加复杂和深刻的影响。细颗粒物中所含重金属元素的毒性作用已被广泛研究,但对其对健康影响的其他机制仍需探索。研究显示,长期暴露于细颗粒物中可引起氧化应激,从而导致抗氧化系统损伤[84]。长期接触高浓度的细颗粒物可引起股四头肌组织内的氧化应激。此外,细颗粒物还可以降低大鼠体内抗氧化酶含量,如 SOD、GSH-Px 等。运动可以增加大鼠体内抗氧化剂含量,提高细胞对氧化应激的抵抗力。但在长期暴露于高浓度细颗粒物的情况下,运动对抗氧化系统的保护作用可能会受到一定的抑制。

这些结果表明,长期暴露于高浓度细颗粒物中可能会导致抗氧化系统受损,进而引起氧化应激和炎症反应。此外,运动对维持抗氧化系统功能具有一定的保护作用,但在长期暴露于细颗粒物的情况下可能会失去一部分保护效果。尤其是在中高剂量细颗粒物染毒后,24 小时的恢复也难以使机体的抗氧化酶水平恢复到原来的水平。

第二节　Zn-MT 对细颗粒物暴露后运动大鼠自由基的影响

一、Zn-MT、运动及细颗粒物滴注对运动大鼠血清自由基含量的影响

运动及不同浓度细颗粒物滴注对大鼠血清自由基的影响见表 4-1。和 QC 组比较,EC 组 MDA 及活性氧含量升高,且活性氧有显著性差异($p < 0.01$)。和 EC 组相比,ZE 组两种指标含量均降低,且 MDA 有极显著性差异($p < 0.01$);ER 组 MDA 和活性氧含量均降低,MDA 有显著性差异($p < 0.05$),活性氧有极显著性差异($p < 0.01$)。和 EC 组相比,随着细颗粒物滴注浓度的增加,自由基含量也呈剂量相关性上升,LPE 组活性氧有显著性差异($p < 0.05$),HPE 组 MDA 有显著性

差异($p<0.05$)。和 LPE、MPE、HPE 三个组相比,在补充Zn-MT和24 小时恢复组中,自由基含量下降,其中:ZLPE 组 MDA 有显著性差异($p<0.05$);ZMPE 组活性氧有显著性差异($p<0.05$);ZHPE 组 MDA 有显著性差异($p<0.05$),活性氧有极显著性差异($p<0.01$);LPER 组活性氧有极显著性差异($p<0.01$);HPER 组 MDA 有显著性差异($p<0.05$),活性氧有极显著性差异($p<0.01$)。

表 4-1 Zn-MT、细颗粒物对运动大鼠血清 MDA、活性氧含量的影响($n=8$)

组别	MDA 含量/(nmol/mg prot)	活性氧含量/(U/mol prot)
QC	16.41±2.40	795.18±58.25
EC	22.00±1.30	1046.06±47.89**
ZE	10.52±2.61▲▲	936.56±67.57
ER	15.33±5.45▲	655.34±85.56▲▲
LPE	24.61±3.60	1074.70±64.08▲
MPE	29.53±4.32	1130.22±74.33
HPE	35.44±5.18▲	1606.45±52.68
ZLPE	19.68±2.16△	787.23±57.67
ZMPE	23.62±3.46	927.20±66.90△
ZHPE	28.35±4.14△	1445.80±47.41△△
LPER	20.82±3.55	645.77±55.81△△
MPER	26.19±3.55	865.21±132.44
HPER	19.56±2.31△	875.34±108.45△△

注:与 QC 比较,* 表示 $p<0.05$,** 表示 $p<0.01$;与 EC 比较,▲ 表示 $p<0.05$,▲▲ 表示 $p<0.01$;与 LPE、MPE、HPE 组比较,△ 表示 $p<0.05$,△△ 表示 $p<0.01$。

自由基是一个原子、原子团或分子的总称,含氧自由基占自由基的 95% 以上,其特点是在外部电子轨道中只含有一个电子。因为其特有的单电子结构使自由基反应活性增强,从而造成大部分自由基在环境中存在时间极短。近几年,环境持久性自由基(environmentally persistent free radicals,EPFRs)作为一类新发现的对环境有害的物质进入人们的视线,与短寿命自由基的寿命不同,它们在环境中可以相对持久地存在,并相继在大气、水和土壤环境中被检测出来。EPFRs 的稳定水平由前驱体物质的共价键是否容易断裂及其生成的自由基结构所决定,EPFRs 在环境中表现出较强的氧化活性,伴随可吸入颗粒物进入人体,与氧气反应生成活性氧物质,诱发生物产生氧化应激反应,从而引起细胞和机体损伤,对人体健康可能存在潜在不利影响[85]。

　　EPFRs 是一种新型的环境风险物质,在环境中广泛存在,具有很高的反应性和环境风险,并会在生物系统中诱发氧化应激反应,破坏生物的细胞和机体,进一步造成人体肺部和心血管疾病的发生,因此颗粒物携带 EPFRs 的毒性和健康风险不容忽略。与分子污染物不同,随可吸入颗粒物进入人体的 EPFRs,产生的不利影响不仅来自其本身,还可能来自重组时形成的分子副产物和催化其他反应生成的产物,如 EPFRs 催化 ROS 可以形成 H_2O_2、·OH 等活性氧物质,其中·OH 是所有 ROS 中最具破坏性的。

　　大鼠在运动过程中,血清中的自由基含量也会升高。这和本实验结果相同,EC 组 MDA 及活性氧含量的升高,说明运动尤其是力竭性运动可使机体产生大量运动源性自由基,其产生是运动诱导细胞损伤的主要原因之一。并且自由基生成增加与组织氧化破坏相一致。MDA 与细胞膜上的多不饱和脂肪酸发生脂质过氧化反应,通过氢抽提生成脂质过氧化物。这些氧化性产物进一步与其他细胞成分作用引发链式反应,使分子间重排、交联,引起膜通透性改变,流动性降低,并使细胞内环境发生改变。另外,自由基与机体蛋白质发生过氧化反应,引起蛋白质分子交联,甚至产生异质性蛋白质而引起自身免疫反应。脂质过氧化的分解产物 MDA 也能使蛋白质发生交联变性。

　　本研究中,随着细颗粒物滴注浓度的增加,自由基含量也呈剂量相关性上升,差异有统计学意义($p<0.05$,$p<0.01$)。这说明不同剂量细颗粒物染毒可以导致运动大鼠血清 MDA 和活性氧含量升高,这是由于细颗粒物可以引起机体内氧化应激反应,增加自由基产生,导致细胞膜的脂质过氧化作用,从而产生 MDA。同时,细颗粒物也会直接生成活性氧,进一步加剧氧化应激反应。细颗粒物的毒性作用机制主要是通过氧化应激反应导致细胞和组织的损伤。

和细颗粒物染毒组相比,在补充 Zn-MT 和 24 小时恢复组中,运动大鼠血清 MDA 和活性氧含量均降低,差异有统计学意义($p<0.05$,$p<0.01$)。这表明 24 小时恢复可以促进体内氧化还原平衡,增加抗氧化酶的活性,从而减少自由基的产生和损伤。此外,自然恢复运动还可以促进血液循环和代谢,加速自由基的清除和排出,从而减少对机体的损伤。运动后 24 小时恢复对大鼠血清自由基的影响涉及大鼠的氧化应激反应和抗氧化能力。运动会增加大鼠体内的氧化应激反应,导致产生更多的自由基,这可能会对大鼠的健康产生负面影响。然而,研究表明,运动也可以增加大鼠的抗氧化能力,帮助大鼠清除自由基,从而减少氧化应激反应的程度。在运动结束后的 24 小时内,大鼠的氧化应激反应和抗氧化能力都会逐渐恢复到正常水平。这意味着在这段时间内,大鼠的血清自由基水平可能会有所上升,但随着时间的推移,这种影响会逐渐降低。

补充 Zn-MT 后 MDA、活性氧含量均降低,表明 Zn-MT 在细胞内可以起到抗氧化和维持金属离子平衡的作用,因此对于维持细胞的健康非常重要[86]。运动能够增加大鼠体内的氧化应激反应,导致 MDA 水平的升高。然而,Zn-MT 可以通过增加抗氧化酶的活性和减少自由基的产生,降低运动大鼠体内 MDA 水平。活性氧是氧化应激反应中产生的一种自由基,可以对细胞膜和 DNA 等分子造成损伤。Zn-MT 可以通过结合活性氧和其他自由基,减少它们的产生和对细胞的损伤。Zn-MT 的抗氧化作用主要是通过活化细胞内的抗氧化酶,如 SOD、GSH-Px 等,来清除自由基和减少氧化应激反应的程度。此外,Zn-MT 还可以通过结合金属离子,从而减少金属离子的游离量,减少自由基的产生和对细胞的损伤。综上所述,Zn-MT 可以通过增加抗氧化酶活性及减少自由基和活性氧的产生,从而降低运动大鼠的氧化应激反应程度,保护细胞的健康。

二、Zn-MT、运动及细颗粒物滴注对大鼠肺自由基含量的影响

表 4-2 统计学分析表明,和 QC 组相比,EC 组 MDA 及活性氧含量均升高且具有显著性差异($p < 0.05$)。和 EC 组相比,ZE 和 ER 组 MDA 和活性氧含量均呈下降趋势,ER 组 MDA 有显著性差异($p < 0.05$),活性氧有极显著性差异($p < 0.01$)。和 EC 组相比,LPE、MPE、HPE 组自由基含量随着细颗粒物浓度的升高而呈剂量相关性上升,其中:MPE 组 MDA 和活性氧均有显著性差异($p < 0.05$);HPE 组 MDA 有显著性差异($p < 0.05$),活性氧有极显著性差异($p < 0.01$)。和 LPE、MPE、HPE 三组相比,在补充 Zn-MT 和 24 小时恢复组中,自由基含量下降,且 ZMPE 组 MDA 有显著性差异($p < 0.05$),ZHPE 组 MDA 有极显著性差异($p < 0.01$)且活性氧有显著性差异($p < 0.05$),HPER 组 MDA 有显著性差异($p < 0.05$)。

表 4-2 Zn-MT、细颗粒物对运动大鼠肺 MDA、活性氧含量的影响($n = 8$)

组别	MDA 含量/(nmol/mg prot)	活性氧含量/(U/mol prot)
QC	135.41±11.92	35.22±4.01
EC	145.05±13.41*	44.36±3.88*
ZE	140.32±11.04	37.26±3.15
ER	130.53±14.25▲	28.50±3.01▲▲
LPE	148.66±11.25	46.22±5.48

续表

组别	MDA 含量/(nmol/mg prot)	活性氧含量/(U/mol prot)
MPE	156.78±10.21▲	53.75±6.89▲
HPE	166.75±18.22▲	60.55±5.87▲▲
ZLPE	130.15±11.25	40.43±3.55
ZMPE	122.11±9.11△	52.80±4.65
ZHPE	128.90±10.24△△	55.33±5.66△
LPER	125.33±13.21	40.22±5.32
MPER	148.55±12.68	44.73±3.22
HPER	152.11±13.56△	50.65±6.22

注：与 QC 比较，* 表示 $p<0.05$，** 表示 $p<0.01$；与 EC 比较，▲ 表示 $p<0.05$，▲▲ 表示 $p<0.01$；与 LPE、MPE、HPE 组比较，△ 表示 $p<0.05$，△△ 表示 $p<0.01$。

颗粒物作为载体，携带大量自由基沉积于呼吸道，然后这些自由基引起免疫系统反应，进一步激发产生活性氧自由基[87]。产生的这些活性氧通过氧化生物大分子引起氧化损伤和/或激发炎症介质的释放，在颗粒物沉积部位发生氧化应激，在肺部产生可观察到的有害作用。

本研究中，LPE、MPE、HPE 组自由基含量随着细颗粒物浓度的升高而呈剂量相关性上升，表明细颗粒物的自由基活性可以引起肺细胞和上皮表面主要氧化剂的改变。细颗粒物进入肺后，巨噬细胞和上皮细胞首先与其接触，当巨噬细胞吞噬细颗粒物时产生氧化应激，造成氧化损害，或通过氧化应激反应转录因子刺激前炎症细胞因子的释放；当沉积的细颗粒物超过巨噬细胞的吞噬能力就会影响其吞噬，导致未吞噬的细颗粒物与上皮细胞的作用时间延长，上皮细胞产生氧化应激，上皮渗透性增加，产生炎症，上皮失去完整性会促进细颗粒物间质转移，而间质化是不利的，因为间质中的颗粒不能通过正常途径清除，或者停留在间质中对细胞产生慢性刺激，或转移到淋巴结中；而积聚在间质中的颗粒产生氧化应激，会刺激间质巨噬细胞和其他间质细胞释放炎症介质,导致间质炎症[88]。氧化应激可造成直接的氧化损害,如脂质过氧化,或诱导一些能被转录因子激活的基因,包括前炎症基因产物如细胞黏附分子、免疫炎症介导受体等对氧化还原敏感的转录因子。关于颗粒物的致病作用,自由基学说能解释其中一部分机制,其中包括颗粒物本身构成与自由基产生的关系[89]。自由基反应为链式反应,一旦启动很难终止。一定质量的颗粒,体积越小,粒子数目越多,总表面积越大,可携带更多的有害物质或产生更多的自由基反应[90]。目前,自由基与颗粒物关系的研究支持了一些学者提出的自由基假说,说明自由基在颗粒物的致病性中扮演着重要角色。

和细颗粒物滴注组相比,在补充 Zn-MT 和 24 小时恢复组中,自由基含量下降,表明 Zn-MT 和 24 小时恢复可以有效减缓细颗粒物暴露的危害,具体表现为可以有效阻止细颗粒物暴露诱导的肺泡壁抗氧化酶活性的下降趋势。

三、Zn-MT 对细颗粒物滴注后运动大鼠 BALF 自由基含量的影响

运动及不同浓度细颗粒物滴注对大鼠 BALF 自由基含量的影响见表 4-3。和 QC 组相比,EC 组 MDA 及活性氧含量升高,其中活性氧差异有极显著性差异($p < 0.01$);和 EC 组相比,ZE 和 ER 组两种自由基含量均降低,且 ZE 组活性氧有显著性差异($p < 0.05$);在 LPE、MPE、HPE 三个细颗粒物浓度组中,随着细颗粒物滴注浓度的增加,自由基含量也呈剂量相关性上升,其中 LPE 组 MDA 有显著性差异($p < 0.05$),MPE 组活性氧有极显著性差异($p < 0.01$),HPE 组 MDA 和活性氧均有极显著性差异($p < 0.01$);和 LPE、MPE、HPE 组相比,在补充 Zn-MT 和 24 小时恢复组中,自由基含量下降,且在不同的组中差异有统计学意义($p < 0.05$,$p < 0.01$)。

表 4-3 Zn-MT、细颗粒物对运动大鼠 BALF MDA、活性氧含量的影响($n=8$)

组别	MDA 含量/(nmol/mg prot)	活性氧含量/(U/mol prot)
QC	1.86±0.46	59.71±5.96
EC	2.05±0.5	73.24±6.79**
ZE	1.79±0.44	64.20±8.47▲
ER	1.89±0.47	70.59±10.51
LPE	2.53±0.63▲	87.01±8.07
MPE	2.71±0.67	103.72±9.62▲▲
HPE	2.91±0.72▲▲	123.63±11.47▲▲
ZLPE	2.22±0.55	79.18±7.34
ZMPE	2.21±0.54△	84.63±7.85△
ZHPE	2.32±0.57	101.62±9.43△△
LPER	2.50±0.62	77.00±7.14△
MPER	2.33±0.58	92.93±8.62△
HPER	2.58±0.64	113.74±10.55

注:与 QC 比较,*表示 $p<0.05$,**表示 $p<0.01$;与 EC 比较,▲表示 $p<0.05$,▲▲表示 $p<0.01$;与 LPE、MPE、HPE 组比较,△表示 $p<0.05$,△△表示 $p<0.01$。

实验数据显示,EC 组和 LPE、MPE、HPE 组能够对细胞产生氧化应激效应,使自由基的含量升高。其机制是除自身带有 ROS 成分外,细颗粒物还能刺激细胞产生大量 ROS 和 RNS 物质;另外,细颗粒物暴露可引起 SOD、CAT 活性降低,T-AOC 降低,从而使细胞内的 ROS 含量升高,激活细胞的氧化反应信号通路,最终引起炎症效应。有研究评估大气颗粒物的组成成分对细胞氧化应激的影响。细颗粒物黏附的铜、锌、铝、铬、铅和镍等重金属元素由于能使机体产生可催化细胞炎症反应的活性氧化物,因此对机体产生了氧化反应[91]。

Zn-MT 和 24 小时恢复后 BALF 中自由基含量下降,表明 24 小时自然恢复和补充 Zn-MT 对细颗粒物暴露导致的肺损伤具有较好的保护作用,可以减轻由于细颗粒物暴露所带来的氧化应激和炎症过程对气道上皮层的破坏程度,避免细颗粒物污染引起肺泡上皮细胞水肿和肺泡腔扩张,以及气道上皮损伤等现象。

四、Zn-MT、运动及细颗粒物滴注对大鼠心脏自由基含量的影响

从表 4 - 4 数据变化可看出,和 QC 组相比,EC 组 MDA 及活性氧含量均升高,且 MDA 有显著性差异($p<0.05$)。和 EC 组相比,ZE 和 ER 组 MDA 含量均降低,活性氧也都降低,且 ER 组 MDA 和 ZE 组活性氧有显著性差异($p<0.05$)。在三个细颗粒物浓度组,随着细颗粒物滴注浓度的增加,自由基含量也呈剂量相关性上升,其中:LPE 组活性氧有显著性差异($p<0.05$);MPE 组 MDA 有显著性差异($p<0.05$),活性氧有极显著性差异($p<0.01$);HPE 组 MDA 和活性氧均有极显著性差异($p<0.01$)。和 LPE、MPE、HPE 三个细颗粒物组相比,在补充 Zn-MT 和 24 小时恢复组中,自由基含量下降,其中 ZMPE 和 ZHPE 组活性氧有显著性差异($p<0.05$),HPER 组 MDA 有显著性差异($p<0.05$)。

表 4 - 4　Zn-MT、细颗粒物对运动大鼠心脏 MDA、活性氧含量的影响($n=8$)

组别	MDA 含量/(nmol/mg prot)	活性氧含量/(U/mol prot)
QC	4.54±0.93	16.86±2.17
EC	5.81±1.34*	17.81±2.33
ZE	4.69±0.78	15.26±1.61▲
ER	3.86±0.87▲	14.81±2.33
LPE	6.68±1.54	21.15±2.77▲
MPE	7.55±1.55▲	25.22±3.30▲▲
HPE	9.31±1.93▲▲	30.06±3.94▲▲
ZLPE	6.15±1.42	19.25±2.52
ZMPE	6.72±1.56	20.58±2.69△
ZHPE	6.81±1.58	24.71±3.24△
LPER	5.51±1.27	18.72±2.45

续表

组别	MDA 含量/(nmol/mg prot)	活性氧含量/(U/mol prot)
MPER	6.76±1.56	22.59±2.96
HPER	7.64±1.71△	27.65±3.63

注：与 QC 比较，* 表示 $p<0.05$，** 表示 $p<0.01$；与 EC 比较，▲ 表示 $p<0.05$，▲▲ 表示 $p<0.01$；与 LPE、MPE、HPE 组比较，△ 表示 $p<0.05$，△△ 表示 $p<0.01$。

有研究表明，颗粒物主要通过引起心肌细胞氧化应激、影响心脏自主神经功能、直接的心肌细胞毒性以及改变血液凝固性和黏度这几个方面而产生对心脏的损伤作用[92]。SOD、MDA 和活性氧水平是评价心肌抗氧化能力的重要指标。SOD 是清除体内自由基最重要的抗氧化酶之一，其活性状态可间接反映体内的抗氧化能力；MDA 和活性氧是生物体内脂质过氧化物的最终产物，其含量可反映氧自由基水平的强度[93]。本研究显示不同浓度的细颗粒物染毒后心肌组织 SOD 水平低于对照组，MDA 和活性氧水平高于对照组；进而提示细颗粒物可降低提高 SOD 活性，增加 MDA 含量，具有较强的心肌损伤能力。在补充 Zn-MT 和 24 小时恢复组中，自由基含量下降，表明二者可以对心肌缺血再灌注心脏损伤具有保护作用，其可能通过 ATP 敏感钾通道的开放修复心肌损伤，还可增加心肌热激蛋白（HSP70）含量，降低氧自由基水平。

五、Zn-MT、运动及细颗粒物滴注对大鼠肝脏自由基含量的影响

和 QC 组相比，EC 组 MDA 及活性氧含量升高，MDA 有显著性差异（$p<0.05$）；和 EC 组相比，ZE 和 ER 组 MDA 和活性氧含量降低，其中 ZE 组活性氧有显著性差异（$p<0.05$）；随着细颗粒物滴注浓度的增加，自由基含量也呈剂量相关性上升，MPE 组活性氧有极显著性差异（$p<0.01$），HPE 组 MDA 和活性氧分别有显著性差异

($p<0.05$)和极显著性差异($p<0.01$);和细颗粒物滴注组相比,在补充 Zn-MT 和 24 小时恢复组中,自由基含量下降,ZMPE 组 MDA 和活性氧均有显著性差异($p<0.05$),HPER 组活性氧有显著性差异($p<0.05$),见表 4-5。

表 4-5 Zn-MT、细颗粒物对运动大鼠肝脏 MDA、活性氧含量的影响($n=8$)

组别	MDA 含量/(nmol/mg prot)	活性氧含量/(U/mol prot)
QC	1.83±0.73	3.49±1.54
EC	3.16±1.35*	4.81±1.61
ZE	1.74±0.92	2.99±0.88▲
ER	2.69±0.41	4.26±1.48
LPE	3.63±1.55	5.71±1.91
MPE	4.10±1.75	6.80±2.27▲▲
HPE	4.51±1.92▲	8.11±2.71▲▲
ZLPE	3.34±1.42	5.19±1.73
ZMPE	3.65±1.56△	5.54±1.85△
ZHPE	3.70±1.58	6.66±2.23
LPER	2.99±1.27	5.04±1.69
MPER	3.68±1.56	6.09±2.04
HPER	4.15±1.77	7.45±2.49△

注:与 QC 比较,*表示 $p<0.05$,**表示 $p<0.01$;与 EC 比较,▲表示 $p<0.05$,▲▲表示 $p<0.01$;与 LPE、MPE、HPE 组比较,△表示 $p<0.05$,△△表示 $p<0.01$。

表 4-5 数据显示,EC 组 MDA 及活性氧含量升高,表明运动可引起肝细胞组织结构的损伤和自由基代谢的变化。线粒体是脂肪氧化的主要场所,线粒体异常是导致脂肪在肝脏细胞中积累的主要原因(所谓"第一次打击"),而线粒体异常导致的活性氧生成增加,进一步引起脂质过氧化(所谓"第二次打击")。线粒体被认为是动物肝脏自由基的主要来源,这些自由基可以从产生部位扩散到细胞内和细

胞外,攻击更多的分子,增强了氧化应激。随着细颗粒物滴注浓度的增加,自由基含量也呈剂量相关性上升,说明细颗粒物可以使肝脏氧化-抗氧化平衡失常,肝脏解毒功能受损。细颗粒物成分中含有的重金属及有毒有机污染物也可通过血液屏障,直接损伤肝脏细胞,引起自由基反应和氧化损伤。

在补充 Zn-MT 和 24 小时恢复组中,自由基含量下降,表明二者可提高肝脏抗氧化酶活性,降低脂质过氧化,提高抗氧化能力,且 Zn-MT 和 24 小时恢复在改善机体抗氧化体系的机能上具有协同作用。补充 Zn-MT 提高抗氧化能力的机制可能是:Zn-MT 可以清除体内自由基、增强抗氧化剂的活性,降低细胞的过氧化损伤,从而防止细胞老化;Zn-MT 是氧自由基清除剂和锌离子螯合物,有抗氧化剂的功能。而自然恢复降低机体受自由基损伤的机制可能是:可使机体肝脏代谢功能增强,组织氧利用率提高,从而减少因有氧氧化系统过度负荷和组织器官相对缺血缺氧所致的自由基生成;使机体的氧化应激程度提高,激发机体的抗应激能力,即抗氧化酶活性升高,从而使体内的自由基防御系统保持一个较高的水平。

六、Zn-MT、运动及细颗粒物滴注对大鼠股四头肌自由基含量的影响

表 4-6 数据显示,和 QC 组相比,EC 组 MDA 及活性氧含量升高,其中 MDA 有显著性差异($p<0.05$);和 EC 组相比,ZE 和 ER 组 MDA 及活性氧含量均降低,ZE 组活性氧有极显著性差异($p<0.01$);在细颗粒物滴注组中,随着细颗粒物滴注浓度的增加,自由基含量也呈剂量相关性上升;和细颗粒物滴注组相比,在补充 Zn-MT 和 24 小时恢复组中,自由基含量下降,ZMPE 和 ZHPE 组活性氧均有极显著性差异($p<0.01$)。

表 4-6　Zn-MT、细颗粒物对运动大鼠股四头肌 MDA、活性氧含量的影响($n=8$)

组别	MDA 含量/(nmol/mg prot)	活性氧含量/(U/mol prot)
QC	2.48±0.27	92.36±12.15
EC	3.15±0.82*	101.52±13.64
ZE	2.62±0.64	81.48±5.21▲▲
ER	2.48±0.43	100.02±29.07
LPE	3.62±0.94	120.60±16.20
MPE	4.09±1.06	143.75±19.31
HPE	4.50±1.17	171.36±23.02
ZLPE	3.33±0.86	109.74±14.74
ZMPE	3.64±0.95	117.30±15.75△△
ZHPE	3.69±0.96	140.85±18.92△△
LPER	2.98±0.77	106.73±14.33
MPER	3.67±0.95	128.80±17.30
HPER	4.14±1.08	157.64±21.17

注:与 QC 比较,* 表示 $p<0.05$,** 表示 $p<0.01$;与 EC 比较,▲ 表示 $p<0.05$,▲▲ 表示 $p<0.01$;与 LPE、MPE、HPE 组比较,△ 表示 $p<0.05$,△△ 表示 $p<0.01$。

　　氧自由基是人体代谢过程中产生的未配对电子的原子或分子团。在正常情况下,体内氧自由基的产生和清除是平衡的,不会引起组织和器官的损伤。一旦氧自由基产生过多或抗氧化酶体系出现故障,体内氧自由基代谢就会出现失衡,导致细胞损伤。大强度运动可导致细胞和组织损伤及某些生物大分子结构的变化,使机体自由基的产生增加,从而引起机体组织损伤,使人体产生疲劳。同时人体内存在着对抗自由基的酶系统,其中 SOD 等可加速清除体内的自由基,使机体得以尽快恢复,减少损伤。

　　众多学者的研究表明,急性运动对体内自由基的产生具有促进作用,运动引起自由基增加的机制有二:一是剧烈运动时耗氧量剧增,氧代谢的结果必然产生自由基;二是局部组织缺氧及代谢产物的堆积,影响了线粒体氧化功能,同时氧气大量消耗为氧的单电子还原提供了更多的机会,从而激发了一系列的自由基反应。目前国内外多以自由基与不饱和脂肪酸反应后的一系列代谢产物如共轭双烯、MDA 等含量为指标来间接反映体内自由基水平。自由基的产生与运动时间和强度有关,研究表明,大强度的力竭性运动引起 MDA 含量的明显升高,并伴随着运动时间的延长而进一步提高。

　　研究表明,氧自由基与运动疲劳和损伤的形成有关。骨骼肌是运动器官,运动使其消耗的能量增大,局部耗氧量增多,肌细胞线粒体负荷加重,因而产生大量的自由基。氧自由基大量消耗 SOD,使抗氧化酶系统损耗增加,打破了自由基生成与消除的平衡状态,而且大量过氧化脂质可直接损伤肌细胞膜的正常结构,使其收缩舒张能力下降,由于细胞裂解使得线粒体功能紊乱,而致疲劳或损伤。自由基的产生与运动训练以及机体疲劳损伤和恢复机制存在着密切关系,在运动训练中如何提高抗自由基酶系统活力、如何提高运动员的有氧代谢能力,快速清除体内产生的自由基,对提高运动能力、减轻运动疲劳和损伤有着重要的现实意义。

　　EC 组 MDA 及活性氧含量均升高,表明剧烈运动过程中,相对缺氧导致心肌细胞损伤,缺氧时间愈长,损伤愈发严重,并且剧烈运动后恢复供氧,心肌损伤则更加严重。具体来说,在心肌缺血、缺氧时,抗氧化酶生成的数量与速率下降,能量供应不足,细胞内大量累积次黄嘌呤降解产物。心脏线粒体能量不足,线粒体膜功能受损,进而产生大量氧自由基。另外,SOD 等抗氧化物质严重耗竭,当再给氧时,通过次黄嘌呤氧化系统等途径大量产生氧自由基,攻击细胞蛋白质、脂类等生物大分子,使生物膜通透性增加,细胞内物质溢出,肌质网受损,导致细胞内环境发生变化,细胞受损甚至死亡以及细胞超微结构的损伤等一系列功能紊乱。

　　细颗粒物滴注组中,随着细颗粒物滴注浓度的增加,自由基含量也呈剂量相关性上升。细颗粒物影响各组织抗氧化酶和自由基的具体机制主要有以下几个方面：①细颗粒物中的某些重金属干扰机体的正常代谢，或干预正常氧化还原反应，使含巯基的酶如 GSH 被重金属和氧化剂损伤，因而使抗氧化酶拮抗氧化性毒物、维持细胞内钙稳态、调节酶活性的功能减弱。②细颗粒物通过血液循环进入各组织器官，直接和间接参与体内生物大分子合成，造成细胞内膜系统损伤，以及对蛋白质和核酸造成一定的伤害。③细颗粒物含有的重金属和有机成分等具有自由基活性，能够引起肺上皮细胞的氧化应激，通过改变细胞的功能导致抗氧化酶活性的下降。研究表明肺上皮细胞的脂质过氧化损伤与颗粒物中元素碳和有机碳成分有关。④运动和细颗粒物的综合毒性作用，更加速自由基生成反应，导致 GSH-Px 等抗氧化酶的结构破坏，最终使抗氧化酶的活性减弱。

Zn-MT 对运动大鼠股四头肌抗氧化酶有一定的影响。研究结果显示，Zn-MT 补充后，运动大鼠股四头肌中的 SOD 活性和 GSH-Px 活性都有所提高，同时 MDA 水平也下降了。这些结果表明，补充 Zn-MT 可以增强肌肉组织的抗氧化能力，减少氧化应激对肌肉组织的损伤，进而可能提高肌肉功能和运动表现。补充 Zn-MT，明显地缓解了骨骼肌运动应激和炎症反应现象，并且提高了大鼠骨骼肌抗氧化酶的活性，清除因运动而产生的自由基。由此提示，Zn-MT 可能具有保护运动后骨骼肌健康，减轻氧化损伤，维持机体运动能力的潜在作用。

综合以上各个指标的变化可以得出，大鼠骨骼肌中与氧化应激有关的细胞代谢的指标在恢复期不同阶段的变化是不同步的，主要受到 HPA 轴变化的影响，且与脂质过氧化相关的细胞信号通路中的相关蛋白恢复程度有关，而相关细胞内的恢复过程与应激有关的信号通路的关系，还需要进一步研究。

第三节　本章小结

1. Zn-MT 对细颗粒物染毒大鼠不同组织抗氧化指标及活性氧、MDA 含量的影响

补充 Zn-MT 可以缓冲各组织抗氧化指标活性的下降,表明 Zn-MT 在一定程度上可以保护机体的抗氧化系统免遭损伤,这与 Zn-MT 中的巯基有密切的关系。和其他组织相比,肝脏指标的变化也体现出肝脏作为物质代谢器官的特定功能,对外来有害因素的缓解作用。采用补充 Zn-MT 的方式可以减轻由于运动和细颗粒物滴注带来的抗氧化指标的损伤,表明肝脏对这两种外在应激因素的刺激具有可恢复性,同时也表明本实验所设置的细颗粒物浓度在肝脏所能承受的阈值范围之内。另外,外源毒物进入机体后,肝脏作为代谢解毒组织,与有害物质接触的时间和反应的程度最高,因此有充分的时间作用于毒物,从而使其分解代谢。此外,肝脏作为 MT 含量最高的器官,在代谢过程中对外来有害物质具有一定的解离和解毒作用。ZLPE、ZMPE、ZHPE 组肝脏各指标活性均呈续性上升趋势,这表明补充 Zn-MT 可以动员肝脏组织的抗氧化系统。因为 Zn-MT 具有调节生物体内微量元素浓度以及对重金属的解毒作用,对激素的调节、细胞代谢的调节、细胞分化和增殖的控制以及参与清除自由基都有重要作用。Zn-MT 与重金属螯合成无活性的复合物并将其排出体外,同时减少金属进入机体的数量。补充 Zn-MT 后,骨骼肌中的抗氧化指标活性继续升高,表明 Zn-MT 在应激状态下,可以促进股四头肌中抗氧化酶的合成;另外,Zn-MT 释放出微量元素锌,也具有保护细胞膜、自我修复、自我改善的能力。

总之,补充 Zn-MT 可以降低细颗粒物对各组织抗氧化指标的损

伤,其主要机制如下:①由于 Zn-MT 是富含巯基的金属硫蛋白,对过量的 Cu、Cr 以及其他有毒金属起到解毒的作用,因此不仅可以反映急性毒性、污染物长期作用的动态过程和累积情况,还可以反映该动物对污染物胁迫的解毒机理与解毒容量。一般认为 MT 与自由基的反应原理是自由基可以使 MT 中的金属与巯基配位键断裂从而伴随着金属离子的释放及 MT 的聚合。②Zn-MT 化学结构的易解离特征决定了其所含的锌离子具有生物动力学不稳定性,在有氧条件下易于脱金属锌,形成二硫键。当自由基等亲电物质与 Zn-MT 反应后,自由基的生成链遭到破坏,自由基生成减少,降低对机体的氧化损伤,从而保护抗氧化酶活性。③从上文实验数据看出,Zn-MT 的抗氧化作用可以明显抑制由于细颗粒物所携带重金属引起的应激反应过程。MT 还可直接螯合有毒金属以解除重金属对机体的毒性。④当蛋白质和酶的关键反应部位遇到有氧化还原作用的活性分子进行竞争性反应时,锌离子可以与这些活性分子进行结合并取代,从而可拮抗自由基的生成反应。

2. 自然恢复 24 小时对运动大鼠不同组织抗氧化指标及自由基含量的影响

不施加任何人为因素的自然恢复是机体应激损伤修复的一个手段,本实验结果表明,24 小时恢复组肺、肾脏组织抗氧化指标活性均升高,原因是本实验运动方案和细颗粒物滴注均为一次性的,虽然在滴注后的运动过程中抗氧化指标活性降低,但细颗粒物并未在肺组织中造成累积损伤效应,故在停止运动及停止细颗粒物滴注后的 24 小时,机体的抗氧化系统得以一定程度的恢复。但从实验数据来看,和安静组相比,无论是补充 Zn-MT 组还是 24 小时恢复组,均仍低于安静组的数值,且这种差值的比例在 20% 左右,这也说明,至少在这两种干预的因素中,还没有一项能完全消除细颗粒物滴注带来的对肺组织的损伤。同时,ER 组肾脏各指标活性的继续升高也说明肾脏和其他器官的功能性和代谢性差异,导致各指标活性 24 小时恢复后仍处于高位。另外,和细颗粒物组相比,其所对应的 LPER 组各指标活性均升高,但是在 MPER 和 HPER 组中,各指标活性和其对照组相比均有恢复性下降,降幅约为 10%,出现这种现象的原因是本实验所设置的运动强度和中、高浓度的细颗粒物对于大鼠肾脏组织来说,刺激过强,虽然其他一些组织表现出在 24 小时恢复后抗氧化指标活性回升,但肾脏作为机体主要的排泄器官,若外界毒性代谢物积累过多,超过肾脏的排泄能力,则会在肾脏组织中积累,从而造成包括抗氧化系统在内的多种防御系统损伤,这和本实验所测免疫指标的变化相互一致。

血清、股四头肌、心肌组织中抗氧化指标活性大都在 24 小时恢复后下降,说明 24 小时的恢复时间不足以消除运动和细颗粒物带来的损伤,尤其是对中、高剂量浓度的细颗粒物来说,虽然说股四头肌可以通过对外界应激的变化和应对能量需求改变而产生"早期快速应答",并在此基础上融合机体多系统网络结构的动态平衡变化产生"整合性应答",但细颗粒物作用于机体后产生的自由基以及本身吸附的有毒物质和重金属元素,均会引起膜脂质过氧化、蛋白质氧化或水解、诱导或抑制蛋白酶活性,这种损伤或许会导致骨骼肌线粒体的动力学发生变化,并且这种变化导致细胞内线粒体不断地进行重构。同时细颗粒物中强有力的低分子二硫化物,可以诱导机体氧化还原状态的失调和二硫化物酶的失活从而形成蛋白二硫化物混合物,阻碍膜离子通道,最终导致抗氧化酶活性的下降。针对心肌组织而言,MPER 和 HPER 组中各指标活性下降约 10% 左右,也照应了血清和 BALF 中抗氧化指标的变化,这说明本实验中、高浓度的细颗粒物对心肌组织的损伤是 24 小时难以恢复的,但是至于多少小时恢复可以使心脏的氧化-抗氧化达到平衡,或者是单纯的恢复能否恢复心脏抗氧化能力,这仍需要进一步的实验研究。在 24 小时自然恢复后的血清各组与相应的细颗粒物组相比,各指标活性出现恢复性降低,且差异有统计学意义,这种现象与文中后面组织中抗氧化指标的表现是不一致的,推测其机制是由于血清是集中反映机体各组织现象的集合体,当外界应激因素引起机体内稳态失调时,各组织细胞膜对流通物质分子的选择能力下降,而这些活性的改变除了组织自身的表现外,都可以体现在血清中,这也是因为血清指标与组织有一定的相关性,本实验恢复组抗氧化指标活性的下降也许说明了细颗粒物对各组织器官毒性的累积作用,而这些累积效应集中表现就是使得血清对细颗粒物的反应出现顺延性变化或者出现延迟性恢复。

本实验数据显示,跑台训练后即刻 MDA 含量升高,明显高于 24 小时恢复组的 MDA 含量,由于股四头肌作为机体运动时主要的代谢器官,在运动过程中会使骨骼肌细胞耗氧量增加。因而,在此过程中所产生的自由基通过消耗抗氧化酶而使机体氧化-抗氧化系统出现适应性变化。在 24 小时的运动恢复期内,虽然机体通过自身的生理功能调节内稳态的平衡,但是在代谢的过程中产生的氢离子会使机体乳酸产生量增加,同时自由基生成的增多和酸性代谢产物的堆积也是导致 MDA 生成增多的原因。

3. 补充 Zn-MT 对运动大鼠不同组织自由基含量的影响

补充 Zn-MT 后,MDA 和活性氧含量均有所降低,说明 Zn-MT 均可以缓解由于自由基的代谢而带来的对组织的损伤,另外也是经过训练,体内抗氧化酶产生了适应性的变化[94]。但是不同的组织恢复的程度不同,这也与组织的特异性有关。细颗粒物对心脏影响的部分作用机制在于自主神经功能的改变,而自主神经功能的改变主要是由于迷走神经作用降低或交感神经作用增强[95]。但同时实验也提示虽然 24 小时恢复和补充 Zn-MT 后自由基含量降低,但是仍未恢复到运动前的水平,这也说明细颗粒物对组织的影响存在延迟效应,其毒性效应表现为随时间抑制细胞代谢活动。

第五章

细颗粒物及 Zn-MT 对运动
大鼠免疫系统的影响

运动性免疫失调的早期诊断和发生机制是运动免疫学研究的重要任务。免疫系统是细颗粒物毒性作用的靶器官之一。大气细颗粒物是导致免疫损伤的潜在危险因素,也可以使机体应对损伤因素的防御能力降低,产生各种炎症,主要原因是导致有关的中性粒细胞快速聚集,对体液免疫功能产生影响[96]。此外,免疫毒性与颗粒物产生的其他生物效应有密切关系,并且通过氧化、炎症刺激和神经性炎症反应,以及炎症反应过程自由基的持续释放导致基因突变频率增加,这也说明这种突变频率的增加与自由基有关[97]。急性肺损伤(ALI)是由各种肺内外因素引起的急性、进行性、缺氧性,以中性粒细胞浸润为主、伴有部分免疫细胞因子的过度表达的肺组织炎症反应。细颗粒物作为化学激惹物,可以刺激免疫细胞分泌大量的细胞因子,导致肺部损伤后启动一系列创伤免疫炎症反应,表现为炎症细胞被激活,释放大量的炎症因子[98]。而在对抗颗粒物污染的防御屏障中,巨噬细胞及免疫因子可以借助其分泌的多种介质参与肺内细胞间的相互作用和信息传递,从而对机体生理过程进行经常性的细胞保护和细胞调节。运动可影响人体免疫力、免疫细胞及细胞因子的免疫应答,而免疫系统效应的扩展又依赖于运动的强度、间隔时间和长期性。尤其是在污染的环境中,运动会造成特异性、非特异性免疫系统的损害[99]。且运动强度越大,呼入的颗粒物越多,对机体健康的危害越大[100]。在不同的生理和病理状态下,血液的免疫因子与免疫蛋白按照一定的规律发生相应变化,尤其是机体在滴注细颗粒物后,作为应激反应应答,免疫系统可以产生各种不同的细胞因子从而组成细胞因子网络,并随剂量和时间的变化而变化,因此细胞因子可以作为颗粒物免疫毒性的生物标志物之一[101],而细胞因子的过度和不适当表达也会引起一系列的疾病,这种平衡就需要机体各系统的统一调节。颗粒物会使有关的中性粒细胞快速聚集,导致抗氧化基因如 MT、锰超氧化物歧化酶(Mn-SOD)等转录增加,IgM(免疫球蛋白 M)明显降低,对体液免疫功能产生影响[102],从而导致机体应对损伤因素的防御能力降低,产生各种炎症。大量研究发现,颗粒物能引起急性肺部损伤,释放炎症因子[103]。对细颗粒物的毒理学实验研究表明,颗粒物的毒性与其形态、粒径及化学成分存在密切的关系[104],并推测细颗粒物导致肺部弥漫性炎症。这种细颗粒物对免疫系统的损伤作用是由于细颗粒物可以与不同的免疫细胞作用,产生不同的信号分子,从氧化损伤、钙调信号和细胞凋亡等不同方面,对机体的免疫系统结构或功能造成损伤[105]。

　　本章主要研究细颗粒物对运动机体免疫系统的影响及其机制,同时针对 Zn-MT 及 24 小时自然恢复对免疫系统的修复作用进行研究,可以拓宽运动环境免疫学的研究范围,也可以进一步解释细颗粒物对生物体致炎作用的机制是否与细胞因子的表达失调有关。

第一节 Zn-MT、运动及细颗粒物对大鼠免疫蛋白的影响

趋化因子是一类控制免疫细胞定向迁移的细胞因子,其功能的行使是由趋化因子受体介导完成的。一种受体可与几种趋化因子结合,后者也可与几种趋化因子受体结合。单核细胞趋化蛋白-1(MCP-1)、巨噬细胞炎症蛋白-1α(MIP-1α)均参与巨噬细胞的激活和迁移,在炎症过程中,使单核细胞成熟为巨噬细胞并吸引巨噬细胞从血液循环系统到达靶组织。超敏 C 反应蛋白(hs-CRP)属于炎症因子,是心血管危险事件的一种主要预测因子,同时也是检测机体感染的关键临床指标。中性粒细胞弹性蛋白酶(NE)能降解多种细胞外基质成分,如弹性蛋白、蛋白聚糖、层粘连蛋白和纤连蛋白等。在正常生理过程中,NE 可以通过降解这些组织结构蛋白,来降解或修复受损组织,以维持组织稳态。克拉拉细胞分泌蛋白 16(CC16)是克拉拉细胞最主要的分泌物。克拉拉细胞是主要分布于终末细支气管和呼吸性细支气管上的无纤毛上皮细胞,具有活跃的增殖分化特性,参与支气管上皮损伤的修复过程。CC16 具有抗炎、抗氧化、调节免疫及抑制肿瘤的生成和转移等多种生物活性。

一、Zn-MT、运动及细颗粒物对大鼠血清免疫蛋白的影响

由图 5-1 可知,和 QC 组相比,EC 组 MCP-1、MIP-1α 和 hs-CRP 浓度升高,其中 MCP-1、MIP-1α 有极显著性差异($p < 0.01$),而 NE 和 CC16 浓度均降低。和 EC 组相比,ZE 组 MCP-1、MIP-1α 和 hs-CRP 浓度降低且 MIP-1α 有极显著性差异($p < 0.01$),ER 组 MCP-1 和 hs-CRP 浓度降低且有显著性差异($p < 0.05$);而 ZE 组 NE 和 CC16 浓度均升高且无显著性差异。LPE、MPE、HPE 组中 MCP-1、MIP-1α 和 hs-CRP 浓

度表现出剂量相关性升高,并且 MCP-1 和 MIP-1α 分别有显著性差异($p<0.05$)和有极显著性差异($p<0.01$);NE 和 CC16 浓度降低且无显著性差异。和 LPE、MPE、HPE 组相比,其所对应的 ZLPE、ZMPE、ZHPE 组 MCP-1、MIP-1α 和 hs-CRP 均出现不同程度回落,其中 ZLPE 组 MCP-1 有显著性差异($p<0.05$),ZMPE 组 MIP-1α 有显著性差异($p<0.05$),ZHPE 组 MCP-1 和 MIP-1α 均有显著性差异($p<0.05$);而 NE 和 CC16 则上升,且 ZHPE 组有显著性差异($p<0.05$)。

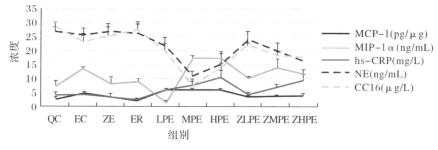

图 5-1　Zn-MT 及 $PM_{2.5}$ 对运动大鼠血清免疫蛋白的影响($n=8$)

二、Zn-MT、运动及细颗粒物对大鼠 BALF 中免疫蛋白的影响

图 5-2 显示,和 QC 组相比,EC 组 MCP-1、MIP-1α 和 hs-CRP 浓度均显著性升高,而 NE 和 CC16 浓度均降低。和 EC 组相比,ZE 组 MCP-1、MIP-1α 和 hs-CRP 浓度降低,分别有极显著性差异($p<0.01$)和显著性差异($p<0.05$),NE 和 CC16 浓度升高;ER 组 MCP-1、MIP-1α 和 hs-CRP 浓度降低,其中 MIP-1α 有显著性差异($p<0.05$)。和 EC 组相比,LPE、MPE、HPE 组 MCP-1、MIP-1α 和 hs-CRP 浓度表现出剂量相关性升高,其中 LPE 组 MIP-1α 和 hs-CRP 分别有极显著性差异($p<0.01$)和显著性差异($p<0.05$),MPE 组 MCP-1 有显著性差异($p<0.05$),HPE 组 MIP-1α 有显著性差异

（$p<0.05$）；三个 $PM_{2.5}$ 剂量组中 NE 和 CC16 浓度均降低，呈明显的剂量相关性。和 LPE、MPE、HPE 组相比，其所对应的 ZLPE、ZMPE、ZHPE 组 MCP-1、MIP-1α 和 hs-CRP 浓度均出现不同程度回落且有显著性差异（$p<0.05$），而 NE 和 CC16 浓度则上升，有显著性差异（$p<0.05$）。

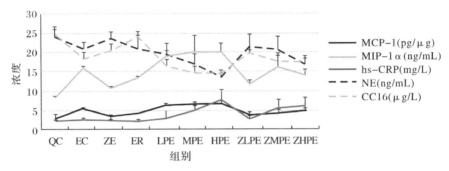

图 5-2　Zn-MT 及 $PM_{2.5}$ 对运动大鼠 BALF 中免疫蛋白的影响（$n=8$）

三、Zn-MT、运动及细颗粒物对大鼠心脏组织中 MCP-1、MIP-1α 的影响

图 5-3 为 Zn-MT、运动及细颗粒物对大鼠心脏组织中 MCP-1、MIP-1α 的影响，从图中看出，EC 组 MCP-1、MIP-1α 浓度较 QC 组均升高，其中 MCP-1 有显著性差异（$p<0.05$）；与 EC 组相比，ZE 和 ER 组 MCP-1、MIP-1α 浓度降低，其中 MIP-1α 有显著性差异（$p<0.05$）；LPE、MPE、HPE 组 MCP-1、MIP-1α 浓度表现出剂量相关性升高，且 MPE 组有显著性差异（$p<0.05$）；和 LPE、MPE、HPE 组相比，其所对应的 ZLPE、ZMPE、ZHPE 组 MCP-1、MIP-1α 浓度均降低，并且 MCP-1 在三个组中均有统计学意义。

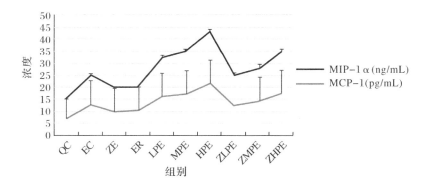

图 5-3 Zn-MT 及 $PM_{2.5}$ 对运动大鼠心脏 MCP-1、MIP-1α 的影响（$n=8$）

四、Zn-MT、运动及细颗粒物对大鼠肺 MCP-1、MIP-1α 的影响

由图 5-4 看出，EC 组 MCP-1、MIP-1α 浓度较 QC 组分别升高 43% 和 31%，两组中差异具有显著性（$p<0.05$）；与 EC 组相比，ZE 和 ER 组 MCP-1 和 MIP-1α 浓度均降低，其中 MCP-1 差异有统计学意义（$p<0.05$）；和 EC 组相比，LPE、MPE、HPE 组 MCP-1、MIP-1α 浓度表现出剂量相关性升高，其所对应的 ZLPE、ZMPE、ZHPE 组 MCP-1、MIP-1α 浓度均出现不同程度回落。

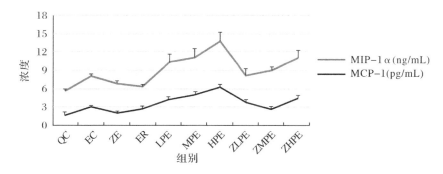

图 5-4 Zn-MT 及 $PM_{2.5}$ 对运动大鼠肺 MCP-1、MIP-1α 的影响（$n=8$）

五、Zn-MT、运动及细颗粒物对大鼠股四头肌组织 MCP-1、MIP-1α 的影响

图 5-5 显示,和 QC 组相比,EC 组 MCP-1、MIP-1α 浓度均升高;与 EC 组相比,ZE 组 MCP-1 和 MIP-1α 浓度均降低,ER 组 MCP-1、MIP-1α 浓度也均降低;和 EC 组相比,LPE、MPE、HPE 组 MCP-1、MIP-1α 浓度升高,表现出剂量相关性,其中 MPE 和 HPE 组 MCP-1 和 MIP-1α 差异均有统计学意义($p < 0.05$,$p < 0.01$);和 LPE、MPE、HPE 组相比,其所对应的 ZLPE、ZMPE、ZHPE 组 MCP-1、MIP-1α 浓度均出现不同程度降低。

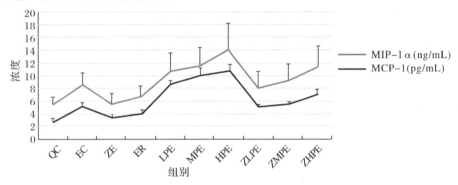

图 5-5　Zn-MT 及 $PM_{2.5}$ 对运动大鼠股四头肌 MCP-1、MIP-1α 的影响($n = 8$)

六、Zn-MT、运动及细颗粒物对大鼠血清及组织中 NF-κB 的影响

图 5-6 为 Zn-MT、运动及细颗粒物对大鼠血清及组织中 NF-κB 的影响,如图所示,所有组织中 NF-κB 浓度出现规律性变化,即和 QC 组相比,EC 组各组织中 NF-κB 浓度均升高;和 EC 组相比,ZE 和 ER 组 NF-κB 浓度均降低,LPE、MPE、HPE 组 NF-κB 浓度均升高,并表现出剂量相关性,差异均有统计学意义($p < 0.05$,$p < 0.01$);统计学分析表明,和 LPE、MPE、HPE 组相比,其所对应的 ZLPE、ZMPE、ZHPE 组 NF-κB 浓度降低,差异具有显著性($p < 0.05$,$p < 0.01$)。

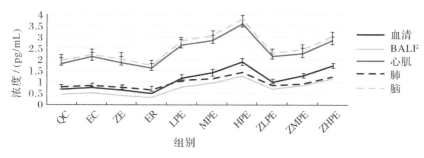

图 5-6 Zn-MT 及 $PM_{2.5}$ 对运动大鼠血清及组织中 NF-κB 的影响($n=8$)

七、Zn-MT、运动及细颗粒物对大鼠血清及组织中 IL-2 的影响

图 5-7 显示,和 QC 组相比,EC 组 IL-2 浓度升高,具有显著性差异($p<0.05$);和 EC 组相比,ZE 和 ER 组 IL-2 浓度出现降低,差异均有显著性($p<0.05$,$p<0.01$);在滴注细颗粒物组,随着滴注浓度的增加,IL-2 浓度呈剂量相关性升高(除血清外);补充 Zn-MT 后,和 LPE、MPE、HPE 组相比,ZLPE、ZMPE、ZHPE 组中 IL-2 浓度在不同的组织中呈现不同的表现。

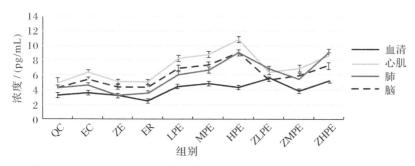

图 5-7 Zn-MT 及 $PM_{2.5}$ 对运动大鼠血清及组织中 IL-2 的影响($n=8$)

八、Zn-MT、运动及细颗粒物对大鼠各组织中 IL-6 的影响

图 5-8 显示，和 QC 组相比，EC 组 IL-6 浓度在各组织中均升高；和 EC 组相比，ZE 和 ER 组 IL-6 浓度出现降低，差异均有统计学意义（$p < 0.05$，$p < 0.01$）；在三个浓度的细颗粒物组中，IL-6 浓度随着滴注浓度的增加而呈剂量相关性升高；补充 Zn-MT 后，ZLPE、ZMPE、ZHPE 组 IL-6 浓度和对应的 LPE、MPE、HPE 组相比降低，部分差异有统计学意义（$p < 0.05$、$p < 0.01$）。

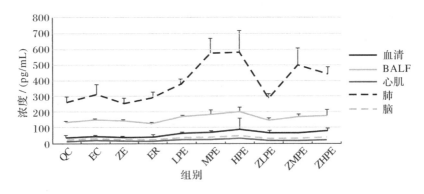

图 5-8　Zn-MT 及 $PM_{2.5}$ 对运动大鼠各组织中 IL-6 的影响（$n = 8$）

九、Zn-MT、运动及细颗粒物对大鼠各组织中 IL-8 的影响

图 5-9 为 Zn-MT、运动及细颗粒物对大鼠各组织中 IL-8 的影响，从图中看出，和 QC 组相比，EC 组 IL-8 浓度显著性升高；和 EC 组相比，ZE 和 ER 组 IL-8 浓度大都出现降低；和 EC 组相比，LPE、MPE、HPE 组 IL-8 浓度大都升高；和 LPE、MPE、HPE 组相比，其所对应的 ZLPE、ZMPE、ZHPE 组 IL-8 浓度降低，各对照组之间差异具有显著性（$p < 0.05$）。

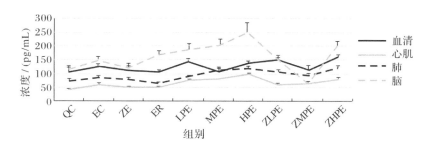

图 5-9　Zn-MT 及 PM$_{2.5}$ 对运动大鼠各组织中细胞因子的影响（$n=8$）

第二节　细颗粒物对运动大鼠免疫指标的影响及其机制

当受到外界刺激时,机体会启动一系列的反应来应对这种应激,而在此过程中,免疫应答作为机体积极防御系统的主要部分,需要免疫调节系统和神经-体液组成的控制因子网络来共同执行调控。在外来的污染、刺激、病原体入侵、机体损伤和应激压力的作用下,处于控制网络中的每一个调控因子将会根据外界应急强度的大小,调动防御系统的每一个成员,通过调节内稳态或者由免疫细胞分泌一系列的免疫因子,吞噬消灭入侵的应激源;同时结合神经调节,及时调整各系统的动态平衡,保证机体的正常运转。而抗炎细胞因子是保证免疫系统完整性的必要因子,机体在正常的生理运行过程中,抗炎细胞因子不断补充到免疫系统当中,通过与免疫受体和免疫调节元件的协同作用,根据炎症反应的程度和强弱,对抗某些外来有害物质的入侵,从而防止在受到免疫侵害时免疫能力的过度下降。

PM$_{2.5}$可以富集包含有机物、酸性氧化物、重金属、细菌、病毒等有害物质进入呼吸道,甚至通过血液循环进入全身各系统,对机体造成伤害。尤其是在运动状态下,人的呼吸以及各种带香味的护理用品会散发柠檬烯等萜烯类化合物,萜烯类化合物也能与 O$_3$ 反应产生颗粒物,从而导致颗粒物浓度增加。同时,运动人群裸露的皮肤、毛发和皮肤油的某些成分作为场馆内颗粒物的内源性来源可以与 O_3 快速反应生成超细颗粒物;而超细颗粒物是一类以惰性碳为中心的颗粒物,具有极大的比表面积且有着很强的核吸附能力,可以损坏肺泡巨噬细胞清除有害物质的能力,并能通过上皮屏障,释放大量的炎症介质从而引起更强炎症反应。

细胞因子是一类由免疫细胞和某些非免疫细胞经刺激合成和分泌,能在细胞间传递信息、介导和调节免疫应答及炎症反应等具有免疫调节和效应功能的蛋白质或小分子多肽。由多种细胞因子组成的复合免疫网络,主要行使防御免疫入侵的功能,这种响应机制可以维持炎症和抗炎之间的免疫平衡。细胞因子种类繁多,主要包括 MCP-1、MIP-1α、hs-CRP、NF-κB、IL-2、IL-6、IL-8 等。众多细胞因子在体内通过自分泌、旁分泌或内分泌等方式发挥生理作用,具有协同性、多效性、拮抗性、重叠性等多种生理特性,形成了十分复杂的细胞因子调节网络,参与人体多种重要的生理功能。

MCP-1 是一类由小分子分泌蛋白组成,控制细胞定向迁移的细胞因子,能行使由趋化因子受体介导而诱导白细胞做定向运动,在血管生成、炎症反应、造血、病原体的清除、感染等过程中发挥着重要作用。MCP-1 参与机体多种机能活动的重要免疫应答调节,在急性组织损伤中也发挥着重要的作用,具有诱导单核细胞趋化和激活单核细胞的双重功效。除了细胞免疫反应之外,MCP-1 还可以构成早期抵御微生物侵入的防线,诱导单核细胞表面黏附分子及细胞因子IL-1 和 IL-6 的表达,调节单核细胞的多种功能。MCP-1 可以使机体在受到抗原刺激后,产生大量的免疫细胞聚集到抗原的周围并进行吞噬与清除,因此参与多种病理、生理过程[106]。MIP-1α 类属 CC 趋化因子,与其相应受体结合后诱导趋化 T 细胞、单核细胞、树突状细胞、NK 细胞等免疫细胞,募集到肿瘤局部,产生抗肿瘤效应[107]。由于

MCP-1、MIP-1α 在正常生理条件下持续分泌,调节机体正常生理活动,而在炎症、创伤等刺激下产生并增高,称为炎症性表达,参与机体应激反应[108]。在运动过程中,呼吸的加深加快导致机体的肺活量和肺通气效率都增加,以满足机体运动的需要,但同时也必然会吸入更多的细颗粒物。急性细颗粒物暴露对运动大鼠部分血清免疫蛋白产生不利的影响,且不同剂量的细颗粒物引起的机体免疫反应是不相同的,具体表现在随着细颗粒物暴露剂量的增加,血清和 BALF 中 MCP-1 浓度表现出剂量相关性升高趋势。本实验结果显示,EC、LPE、MPE、HPE 组血清和组织中 MCP-1、MIP-1α 均升高,表明运动和细颗粒物可以改变 MCP-1、MIP-1α 在机体中的表达量。MCP-1 不仅仅可以产生细胞免疫反应,而且当外来刺激造成急性组织损伤时,可以通过自身的功能构成早期抵御免疫入侵的隔离网,加之 MCP-1 能诱导单核细胞表面黏附分子的表达及细胞因子 IL-1 和 IL-6 的表达,调节单核细胞的多种功能,因此本实验中滴注细颗粒物后 MCP-1 升高说明细颗粒物作为一种应激源,可以诱导单核细胞 MCP-1 的表达,也说明了二者的协同作用。MIP-1α 主要通过对炎症细胞的趋化及活化作用而参与炎症过程。滴注细颗粒物后 MIP-1α 表达增加,是细颗粒物作用机体后产生的一系列氧化损伤、重金属毒性、信号转导等综合作用的结果。其机制可能是由于细颗粒物进入机体后具有一定的生物蓄积行为,其所含的各种有害物质会对组织细胞的抗氧化酶及内稳态造成破坏,通过氧化应激反应相关转录因子刺激前炎症细胞因子的释放,引发炎症反应失衡。细颗粒物中的有机污染物由于具有较强的疏水性,进入机体后可以与机体内各种免疫因子、免疫蛋白结合,使得细颗粒物的迁移、分配和生物反应等出现不稳定性的生物-化学危害效应。

hs-CRP 作为机体对外界环境污染、运动应激时分泌的急性应激免疫细胞因子,是免疫网络的重要组成部分,它的表达与分泌不仅与免疫细胞的分化增殖和功能发挥密切相关,也是评价呼吸道上皮屏障功能的早期敏感指标,可以反映呼吸道的损伤程度及肺-血屏障的完整程度。hs-CRP 是一种急性应激蛋白,与其他细胞因子一起参与机体许多重要的生理及病理反应,其水平的高低反映了应激反应的强弱。当 hs-CRP 浓度升高时,则表明机体组织已产生炎症,hs-CRP 可以通过导致低蛋白血症、脂代谢异常等协同作用,对机体功能造成损害[109]。实验数据显示,运动及细颗粒物滴注后hs-CRP 均升高,且随着细颗粒物滴注浓度的增加而呈剂量相关反应,低剂量组和高剂量组中 hs-CRP 与对照组相比差异有统计学意义,表明运动及细颗粒物对机体的免疫系统造成了不利的影响,其原因是细颗粒物的毒性作用增加了运动过程中血管内皮细胞表面可溶性细胞间黏附分子的表达。由于 hs-CRP 是一种急性应激蛋白,其水平的高低反映了应激反应的强弱,组织间通过直接(浸润、聚集)或间接(产生细胞因子)作用,引起一定部位的组织损伤和炎症反应,运动和细颗粒物的毒性作用增加了血管内皮细胞表面可溶性细胞间黏附分子的表达,引起一定部位的组织损伤和炎症反应[110]。

hs-CRP 含量的上升也表明组织通过直接(浸润、聚集)或间接(产生细胞因子)作用,造成血管损伤。另外,由于本运动为急性递增负荷运动,机体暂时性的氧供不足,也可激活炎症细胞释放细胞因子等多种炎症介质,同时,hs-CRP 作为是一种急性时相蛋白,受 IL-I、IL-6 等多种细胞因子的调节和诱导,因此 IL-I、IL-6 的变化也是导致hs-CRP 升高的诱因之一[111]。

血清 CC16 是克拉拉细胞分泌的主要蛋白,主要分布于终末细支气管和呼吸性细支气管,具有抗炎、抗纤维化及活跃的增殖分化能力[112],作为肺上皮的特异性蛋白,对抵御呼吸道氧化应激及免疫调节等多种生物活性具有重要作用,是评价呼吸道上皮屏障功能的早期敏感指标[113]。作为天然的抗炎物质,CC16 在宿主防御中发挥重要作用。实验显示,CC16 含量随着细颗粒物浓度的升高而降低。这表明在细颗粒物污染的环境中运动造成肺上皮细胞膜的通透性增加,破坏了机体的肺-血屏障的完整程度,从而使蛋白从血管外渗透到血管内,对呼吸系统造成损伤。

NE 在体外循环引起的组织器官损害中起着重要作用。作为判断组织免疫损伤强度的一个指标,NE 指标的变化反映了机体免疫系统对外界刺激反应能力的敏感程度。机体免疫系统受到外源性刺激的大小,炎症介质释放量的多少,组织损伤的程度,都与 NE 的释放量有关。NE 在体外循环引起的组织器官损害中起着重要作用。当机体受到初次轻微的刺激时,中性粒细胞会释放较少的炎症介质,这在免疫学上称为初始启动[114]。但是当受到第二次刺激后,出现叠加效应,使处于初始启动状态的中性粒细胞处于始动状态,引起呼吸爆发或者炎症反应[115]。EC 和 LPE、MPE、HPE 组 NE 均降低,四组中 CC16 也都降低,且在三个细颗粒物组中呈现剂量相关性,说明运动及细颗粒物可以导致机体免疫系统功能受到一定程度抑制,这个免疫机能减弱时期即为免疫开窗期,细菌和病毒易于侵入,增加了感染率。NE 自身所处的启动状态强弱和对外界刺激反应能力的大小,决定了二次刺激所诱发炎症反应的大小、炎症介质释放量的多少,从而决定了组织损伤的程度。这种机制推测是运动或者细颗粒物滴注后,高负荷运动或者细颗粒物释放有毒物质产生氧化应激,而细颗粒物会在体内进行脱颗粒反应,在这些颗粒所携带的有毒物质中,一部分随血液循环游离于细胞间质中,一部分依靠离子结合力结合在中性粒细胞细胞膜上,而 NE 浓度的高低,可敏感地反映中性粒细胞所处的状态[116]。

本实验结果显示,大鼠在细颗粒物暴露的刺激下,NE 的浓度降低,表明细颗粒物可破坏细胞间的紧密连接和基底膜的完整性,使血管通透性增加,加重气道炎症,导致一过性气道狭窄及阻塞,引起通气功能下降,同时机体的中性粒细胞在细颗粒物的刺激下会释放较少的炎症介质。当作为免疫应激反应的免疫蛋白过多时,会使免疫系统受到叠加效应,如果这种叠加效应超过了神经-内分泌-内稳态的控制水平,则分解细胞外基质,导致炎症发生迁移。

抗炎细胞因子是一系列可以对前炎症细胞因子做出响应的免疫调节分子。IL-2 主要参与外来抗原的免疫应激反应,具有多种生物学活性功能,在神经和内分泌调节、调控机体免疫反应过程和监视免疫侵入方面具有重要的作用。由于 IL-2 可以增强室旁核及视上核的神经元电活动,参与调控机体的水平衡以及特异性地引起清醒大鼠嗜睡和非对称性姿势改变。本实验数据显示,和 QC 组相比,EC 组 IL-2 浓度均显著升高,在滴注细颗粒物组,随着滴注浓度的增加,IL-2 浓度呈剂量相关性升高(除血清外)。结合大鼠组卒中指数的升高结果表明,细颗粒物抑制黑质及纹状体的多巴胺(dopamine,DA)系统,并以此方式影响海马的学习和记忆过程,从而对运动大鼠神经行为学也会产生不利的影响。

在细胞因子网络的重要组成部分中,IL-6 是一种多功能性炎症因子,可以诱导 T 淋巴细胞的增殖和分化,在炎症早期被激活,是肺部急性炎症的重要指标之一[117]。IL-6 本身就具有直接引起炎症性肺损伤的能力,还可以趋化并激活中性粒细胞、巨噬细胞,诱导炎症级联反应,从而扩大损伤。

本实验三个浓度的细颗粒物组中,IL-6 随着滴注浓度的增加而呈剂量相关性升高,因此,本实验中滴注细颗粒物后肺及 BALF 中 IL-6 的升高,说明细颗粒物可以对呼吸系统造成一定的炎症损伤。这主要是因为颗粒物被吸入后,气道上皮受损,并可释放一些炎症介质,颗粒物表面的活性成分亦可激活巨噬细胞并使之分泌大量细胞因子,从而导致了肺部损伤[118]。另有文献指出,IL-6 的过量产生和释放最终导致组织的病理改变[119]。由于 IL-6 属于早期应激反应因子,这些因子的升高是机体对损伤做出的一种保护性反应,它们在肺及其他组织的炎症启动过程中发挥重要作用[120]。细颗粒物作为一种附着多种尘源微粒的混合体,表面吸附有多种有毒物质,如重金属、有机污染物、酸性氧化物等,因此对呼吸系统影响极为严重[121]。本实验显示,心肌和脑组织中运动和细颗粒物滴注后 IL-6 的升高,提示会对心肌和脑组织产生一定的炎症损伤。另外,IL-6 也可以作用于 HPA 轴,对机体的内分泌系统产生一定的影响。但是 IL-6 一方面可以趋化免疫细胞并调节炎症反应,另一方面也可以调节细颗粒物滴注后所引起的炎症。有研究表明,IL-6 可以通过抑制 TNF-α 等促炎因子的产生,进而抑制炎症反应的无限制扩大[122]。

综合本研究中各免疫指标的结果显示,细颗粒物可以引起大鼠急性全身炎症反应。细颗粒物滴注后大鼠血清中 IL-6 的升高,提示细颗粒物会对大鼠呼吸道产生炎症刺激作用,随着血液循环而释放炎症介质和趋化因子,从而引起全身炎症反应。由于 IL-6 的表达不仅与免疫细胞的分化增殖有关,而且也参与体内多种细胞的生长繁殖和代谢调节,同时 IL-6 本身就可以引起炎症性损伤,诱导炎症级联反应,因此 IL-6 浓度的升高与 TNF-α 发生协同效应,可以作用于机体的心血管系统,激活并改变血管内皮细胞的表型及外源性凝血系统,造成微循环血栓形成及组织损伤。其具体的机制推测是细颗粒物引起多组织炎症反应,进而导致血管膜损伤、血压和血管结构状况改变,最终造成心血管系统损害而使血清中免疫因子升高。

另外 IL-6 还可以调节 hs-CRP 的水平,本实验研究证实,血清中 IL-6 水平与 hs-CRP 的变化具有一致性,这表明运动大鼠在细颗粒物滴注后炎症反应的发生是综合效应的结果。细颗粒物可以引起大鼠急炎症损伤和全身炎症反应,而炎症因子的释放会刺激细胞分泌hs-CRP,高浓度的 hs-CRP 可以反映机体对细颗粒物的炎症反应程度,与其他炎症因子一起对肺、肾脏、心血管系统等产生不利的影响。

IL-8 又称嗜中性粒细胞因子,在免疫应答过程当中可以使某些中性粒细胞的性质发生改变,并且这些改变可以反过来促进中性粒细胞的激活和变性,在抵抗污染、感染、调节免疫反应过程以及参与损伤组织的预警中具有重要意义。本实验中运动大鼠在细颗粒物滴注后 IL-8 水平升高。和 EC 组相比,LPE、MPE、HPE 组 IL-8 浓度大都升高,表明机体局部组织出现了炎细胞浸润,这对机体炎症疾病的诊断、鉴别诊断和预后判断提供了一定的参考指标。本实验中 IL-8 的变化显示了与其他因子变化的一致性,考虑原因为 IL-8 是重要的炎症趋化因子,它可以引起呼吸爆发和炎症介质释放,引起组织严重损伤[123],这主要是通过活化中性粒细胞中 NADPH 氧化酶和磷脂酶的功能,并诱导中性粒细胞脱颗粒,释放组织蛋白酶等来发挥对组织的致炎作用。

NF-κB 是一个由复杂的多肽亚单位组成的、具有促基因转录功能的蛋白家族。在免疫信号传导中,NF-κB 作为传导中枢,在防御病原体入侵反应、监测组织损伤、参与氧化应激反应、干预细胞信号传导和凋亡表达、参与免疫炎症调控和免疫信息传导等方面具有重要的生理功能,是一种关键性的核转录因子[124]。细颗粒物致机体氧化应激的同时往往伴随着炎症的产生,造成组织的进一步损伤。颗粒物催化产生的活性氧可持续激活对氧化敏感的 NF-κB,它能启动多种细胞因子 mRNA 的表达,从而增加这些因子的分泌,如 IL-1、TNF-α、IL-6、IL-8 等。实验中 EC 组各组织中 NF-κB 浓度均升高;和 EC 组相比,ZE 和 ER 组 NF-κB 浓度降低,LPE、MPE、HPE 组 NF-κB 浓度均升高,并表现出剂量相关性,表明本实验运动方案可以唤醒 NF-κB 的信号转导通路,使其蛋白质表达量增加。具体的机制是急性运动可以引起以交感神经-肾上腺髓质和垂体-肾上腺皮质功能增强为主的非特异性应激反应,同时运动后 NF-κB 的增加也可以提高机体对应激的适应能力[125]。细颗粒物能够引起局部组织的急性免疫损伤,也提示 NF-κB 的表达参与了细颗粒物引起的肺急性免疫损伤过程;肺泡巨噬细胞在吞噬细颗粒物的同时也会产生氧自由基并释放大量的促炎因子,同时结合机体抗氧化酶活性降低、MDA 及活性氧含量上升、IL-1 和 IL-6 表达升高,推测在颗粒物引起表达增加的这些抗氧化-免疫因子网络中,NF-κB 激活了其他因子的发生过程,这也证明 NF-κB 是一种迅速、早期调控诸多基因表达的转录因子。结合运动及细颗粒物滴注后血清中 MCP-1 升高,也说明 NF-κB 可以促使血液炎症细胞黏附、聚集、释放多种促细胞增殖因子[126]。有学者研究表明,NF-κB 是参与脑损伤后神经元死亡的重要信号调控因子[127],也说明细颗粒物滴注导致的炎症反应是脑损伤后继发性神经元死亡的重要因素[128]。关于 NF-κB 在细颗粒物环境下引起组织损伤的作用机制是:①细颗粒物进入机体后,其附带的某些有害成分如大分子有机物、脂多糖、无机离子等引起机体的免疫反应,同时一些诱发产生氧化反应的过渡性金属铁、铜等可引起组织内氧自由基的升高、抗氧化能力下降,而这种免疫-抗氧化系统的失衡也反过来激活 NF-κB,从而形成了一个反馈系统,造成机体产生了更多的氧自由基和炎症介质;②通过 NF-κB 的调节作用,依赖 NF-κB 表达基因的其他因子被激活,从而使得一系列的炎症因子和氧化相关酶得以高表达[129];③活性氧是激活 NF-κB 的第二信使,当细胞受到氧自由基、IL-1、缺氧/复氧的反复作用时,NF-κB 的生物活性功能即被激活,并且在免疫系统的调节下由细胞质进入细胞核,通过一系列的转录诱导免疫细胞因子活性功能的发挥。

机体的免疫反应与细颗粒物环境行为和代谢毒理之间存在着直

接的耦合关系,且受到多种因素的影响。细颗粒物在组织细胞内的黏附、迁移和毒性作用导致的细胞形变会驱动细胞膜脂质重组,改变细胞膜间隙的通过能力。BALF和血清分别作为肺组织和血液循环系统的代表,其机械屏障会受到细颗粒物的攻击。而免疫蛋白作为免疫应激反应的标志性蛋白,不同剂量的细颗粒物暴露对大鼠免疫指标的影响可以有效指示运动大鼠暴露环境污染物的健康风险。MCP-1、MIP-1α、hs-CRP、NE、CC16水平的变化也进一步解释了细颗粒物对生物体致炎作用的机制与免疫蛋白的表达水平有关。

　　总之,在污染的环境中运动导致免疫因子的升高或降低有以下机制:①细胞损伤的内部炎症导致运动后即刻机体的代谢与免疫调节功能水平尚处于高位,调节炎症反应的前炎症细胞因子的释放仍旧持续。②运动后即刻hs-CRP浓度的升高与运动引起的急性感染反应有关。而细颗粒物引起免疫因子的变化,其机制是炎症反应失衡导致的。这主要是因为大气颗粒物中的有毒金属、酸性氧化物、有机污染物等对呼吸系统、免疫系统及血液循环系统造成了严重的影响。

　　有学者提出了关于颗粒物肺部毒作用机制的几种假设,颗粒物可以直接作用于上呼吸道和肺泡而产生化学物质作用,同时通过干扰黏液纤毛或肺泡巨噬细胞的吞噬作用,将其表面吸附的有毒化学物质及产生的氧自由基转运出去[130]。在运动过程中,机体需要通过增加呼吸频率和肺通气量来获取更多的氧气,因此颗粒物的吸入量也随着肺通气量的增加而增加。当颗粒物进入肺组织后,由于组织间隙的黏附作用使所滞留的颗粒物不能很快清除,因此随着肺中颗粒物的沉积量超过巨噬细胞的清除能力,其吞噬功能将会减弱;另外,通过颗粒物诱导产生的氧化应激反应,也可通过转录因子促进前炎症细胞因子的释放,导致游离在组织间隙外的颗粒物长时间停留于上皮细胞上,增加二者的作用时间,从而加剧上皮细胞的氧化应激反应。在自由基的攻击下,上皮组织细胞膜渗透性增加而失去膜的完整状态,颗粒物便会在细胞间质间相互迁移,部分颗粒物或其所携带的有毒物质也会进入淋巴循环中,从而使机体的免疫能力降低。

第三节　补充 Zn-MT 及 24 小时恢复对滴注细颗粒物后运动大鼠免疫指标影响的机制

Zn-MT 作为一种免疫调节因子,具有很强的金属结合能力和氧化还原能力,起到抗炎和免疫调节等作用。此外,MT 中的金属具有动力学不稳定性,经过脱金属反应参与机体的体液免疫反应,通过诱导淋巴细胞增殖而降低抗原刺激反应。MT 还参与抵抗电离辐射、细胞内金属的解毒、稳态调节、增强机体应激反应等。但是,在不同的应激状态下及不同的组织器官、细胞,MT 在重金属代谢功能方面有所差异[131]。

运动和 Zn-MT 联合 24 小时恢复对滴注细颗粒物后运动大鼠免疫指标的改善效果最为显著。因此,这些结果可能提供一种针对化学污染后免疫系统反应改善的新方法,同时说明 Zn-MT 对于化学污染物对健康的影响具有明显的保护作用。颗粒物污染可以影响动物的免疫功能,进而导致免疫系统失调和疾病的发生。Zn-MT 是一种天然的锌螯合蛋白,具有调节免疫功能和保护细胞的作用。研究表明,Zn-MT 可以减轻颗粒物污染对大鼠免疫系统的损伤。

研究表明,Zn-MT 可以减轻颗粒物污染对机体免疫系统的损害。在颗粒物污染环境下,给予 Zn-MT 可以降低大鼠肺部炎症反应和氧化应激水平,同时提高免疫细胞的活性和免疫球蛋白的水平。Zn-MT 可以减轻颗粒物污染对大鼠肺部的损害,同时提高免疫细胞的数量和活性。总的来说,Zn-MT 对细颗粒物污染后大鼠的免疫指标产生积极影响的机制如下:

（1）抑制 T 淋巴细胞和 B 淋巴细胞的表达。Zn-MT 可以抑制大鼠体内的 T 淋巴细胞和 B 淋巴细胞的表达。T 淋巴细胞是主要免疫器官，而 B 淋巴细胞是产生抗体的主要细胞。Zn-MT 可能会导致细颗粒物染毒运动大鼠的免疫响应受到干扰，从而降低感染细颗粒物病原体的风险。

（2）促进抗体的生成。抗体是一种免疫球蛋白，可以与病原体结合并激活免疫系统。因此，Zn-MT 可能通过提高大鼠体内的抗体水平，从而减轻颗粒物带来的危害效应。

在 ZE、ER 组和 ZLPE、ZMPE、ZHPE 组各免疫指标出现恢复性回归的原因可以归结为以下几点：

（1）机体在细颗粒物滴注后经过 24 小时的恢复，可以使诱发炎症的细胞因子和抗炎症的细胞因子之间的动态平衡得到恢复；Zn-MT 通过引入锌离子激活 T 淋巴细胞，从而促进 T 淋巴细胞的表达，表现出免疫保护的作用。运动大鼠在滴注细颗粒物后，可以影响大鼠的免疫指标，包括 CD^{4+} 和 CD^{8+}、T 淋巴细胞的数量和活性；Zn-MT 可以抑制 T 淋巴细胞的分化和激活，导致 IgG（免疫球蛋白 G）水平下降。这表明 Zn-MT 可能会干扰 T 淋巴细胞的免疫响应，从而干扰细颗粒物染毒运动大鼠的免疫过程。

（2）24 小时后 CC16 的降低性恢复，提示 CC16 有抑制局部促炎介质过度产生、调节机体的免疫功能，CC16 可顺浓度梯度由肺上皮衬液渗入血流，故血清中 CC16 含量可反映克拉拉细胞的分泌 CC16 的趋势，表现为减少炎细胞定位、渗出和迁移。Zn-MT 可以抑制细颗粒物染毒运动大鼠体内的细胞因子水平，包括 CC16 等。这些细胞因子对于免疫响应非常重要，因此 Zn-MT 可能会对这些细胞因子水平产生影响，从而干扰免疫过程。

（3）在补充 Zn-MT 和恢复后部分免疫因子降低，表明 Zn-MT 和 24 小时自然恢复可以使所测组织及血清中的炎症反应向稳态的方向发展。前炎症细胞因子可以通过激活转录因子调节特殊基因的表达,以减少过氧化氢和脂质过氧化物的产生[132]。而本实验中补充 Zn-MT 和 24 小时恢复后 GSH 和 GSH-Px 酶活性升高,活性氧和 MDA 含量降低,说明补充 Zn-MT 和自然恢复对前炎症细胞的激活作用是通过诱导抗氧化酶活性的增加来实现的,这种酶活性的增加可以导致细胞、组织间氧化-抗氧化平衡状态改变,进而使受损的氧化-抗氧化-免疫系统得到恢复。

(4)由于 hs-CRP 主要由肝细胞合成和分泌,是一种急性时相反应蛋白,机体一旦康复,hs-CRP 含量可迅速恢复正常;Zn-MT 通过分泌含锌的肽链的金属蛋白酶,选择性降解细胞外基质(ECM)的组成成分,防止 MCP-1、MIP-1α 的渗出,机体通过细胞因子及其抑制因子之间的相互作用对炎症反应进行恢复性调控。

(5)本实验结果显示,在运动恢复 24 小时及补充 Zn-MT 后 NF-κB 浓度下降,这主要是因为免疫因子具有相似的诱发炎症的活性。多种免疫细胞因子的复合效应在某种程度上取决于细胞因子的种类、周围的生存微环境、作用的对象、拮抗因素或协同因素的种类等,因此恢复后机体抗氧化酶活性的回升,MDA 及活性氧含量的下降减弱了细胞因子的触发过程,从而使 NF-κB 浓度下降。

本实验结果部分解释了环境毒理学中细颗粒物造成机体免疫系统危害的毒理学机制。Zn-MT 中的巯基具有还原性,可以使组织的氧化能力降低,同时锌离子可以通过干扰不同的细胞因子的相互调节、受体表达而影响细胞因子的表达。

综合以上研究结果,Zn-MT 可以降低颗粒物污染引起的炎症反应和氧化应激反应,减少细胞损伤和死亡。Zn-MT 可以对颗粒物污染后大鼠的免疫指标产生明显的保护作用,提高免疫细胞的活性和数量,有望成为一种有效的颗粒物污染防治手段。

第四节　本章小结

（1）随着细颗粒物滴注浓度的增加，血清和组织中 MCP-1、MIP-1α、hs-CRP、NF-κB、IL-2、IL-6、IL-8 浓度均升高，且与细颗粒物滴注浓度有相关性。

（2）和 EC 组相比，LPE、MPE、HPE 组 NE 和 CC16 浓度均降低，说明运动及细颗粒物可以导致机体的 NE 和 CC16 含量发生改变。

（3）在 ZE、ER 组和 ZLPE、ZMPE、ZHPE 组中各免疫指标出现恢复性回归，表明 Zn-MT 和自然恢复可以使机体免疫炎症反应向稳态的良性方向发展。

第六章

细颗粒物及 Zn-MT 对运动大鼠糖代谢的影响

糖代谢是机体能量来源的主要途径,尤其是运动状态下机体可以根据不同的项目来启动相应的能量供应系统。一方面,运动时物质与能量代谢均需各种酶的催化;另一方面,运动会引起酶发生适应性变化,表现出与运动性质相适应的代谢特点。这一适应性变化表现为机体在神经-体液支配调节、代谢倾向、线粒体分布、收缩力量、抗疲劳能力等很多方面。实验证明,依赖糖代谢限速酶的高度表达[133],大强度运动能促进葡萄糖的转运,而机体正常组织会把葡萄糖代谢为乳酸,以供机体能量的需要。但是限速酶本身在参与生化反应的过程中,受到多种干扰因素和变构剂的影响,从而影响糖代谢反应的过程。在运动状态下,当空气中细颗粒物超过了人体所能适应或正常的生理范围后,就会对包括机体能量供应在内的各个系统的健康产生不良影响。糖代谢作为机体运动时重要的能量供应来源,其能量转换速率与糖代谢限速酶的表达高度相关。同时,限速酶本身受多种物理化学及生物因素的影响,从而对糖代谢的转换起着加速或减缓的作用。因此,通过研究不同浓度细颗粒物暴露对运动行为学特点及机体糖代谢限速酶的影响及其机制,可以为探明细颗粒物暴露剂量-运动反应-运动效能之间的关系提供一定的实验参考,也可以为污染天气应急计划的制订和户外体育活动的防护提供一定的依据。

本章主要研究运动及不同浓度滴注细颗粒物后机体糖代谢限速酶的变化特点和规律,可以为进一步研究细颗粒物污染对机体代谢、供能相关的生物损害效应及其机制提供参考。

第一节　Zn-MT、运动及细颗粒物对大鼠
无氧代谢酶的影响

己糖激酶(HK)可催化葡萄糖磷酸化生成葡萄糖-6-磷酸(G-6P),是细胞调控葡萄糖代谢速率的第一个关键酶,它涉及葡萄糖磷酸化成 G-6P,其中己糖激酶 2(HK2)能够与电压依赖性阴离子通道蛋白(VDAC)结合,形成线粒体结合型己糖激酶,促进葡萄糖分解代谢,抑制线粒体细胞色素 C 释放和细胞凋亡,参与糖代谢、细胞增殖。丙酮酸激酶(PK)是糖酵解途径上最后一个不可逆反应的关键酶,它催化磷酸烯醇式丙酮酸转变为丙酮酸并生成 ATP。从葡萄糖到丙酮酸是糖的无氧代谢和有氧代谢的共同代谢途径,凡是影响 PK 的因素都能影响糖的代谢供能,对机体的能量代谢具有至关重要的意义。磷酸果糖激酶 1(PFK-1)是一种糖解作用的酶,是细胞能量代谢糖酵解途径中重要的限速酶,在细胞内的表达保持动态平衡且相对稳定,发挥着调控细胞生物合成和能量代谢的作用,是代谢类疾病和癌症领域的研究热点。当细胞所处微环境发生变化时,如氧供应不足、代谢底物匮乏或细胞癌变时,细胞内出现 PFK-1 介导的通过改变自身代谢模式而形成的代谢重编程,从而改善环境变化引起的不利影响;PFK-1 在调控以瓦尔堡效应为主的代谢模式中发挥重要作用,使代谢模式向糖酵解转移,形成有氧糖酵解方式。乳酸脱氢酶(LDH),是糖的无氧酵解和糖异生的重要酶系之一。它

广泛存在于人体组织中,以肾脏含量最高,其次是心肌、骨骼肌,红细胞内含量约为正常血清的 100 倍。乳酸脱氢酶是人体内糖酵解途径中至关重要的氧化还原酶,能够可逆地催化乳酸,使之氧化为丙酮酸,提供人体的能量来源。在代谢供能过程中,当供氧缺乏时,糖代谢进入另一条途径——无氧酵解。在糖酵解的过程中不断产生丙酮酸,丙酮酸主要的代谢途径是进入线粒体进行三羧酸循环中氧化。此外,丙酮酸经过乳酸脱氢酶的催化转变成为乳酸,这时肌细胞内乳酸生成的速率增加,而且与运动强度的增大呈正相关,导致肌肉疲劳。

一、Zn-MT、运动及细颗粒物对大鼠血清无氧代谢酶的影响

由图 6-1 可知,EC 组四种酶活性远低于 QC 组,其中 HK、PK有显著性差异;和 EC 组相比,ZE 组除 LDH 活性下降外其他酶活性均上升;LPE、MPE、HPE 组和 EC 组相比,HK、PK、PFK-1 三种酶活性均下降,而 LDH 活性升高;和对应的细颗粒物组相比,补充 Zn-MT后,各组 HK、PK、PFK-1 三种酶活性回升而 LDH 活性下降。

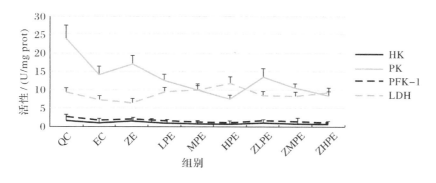

图 6-1 Zn-MT、运动及 $PM_{2.5}$ 对大鼠血清无氧代谢酶的影响($n=8$)

HK、PK、PFK-1 作为糖无氧代谢的限速酶,其活性很容易受到外界因素的干扰,造成整个代谢体系受影响。实验数据显示,$PM_{2.5}$

染毒后血清中 HK、PK、PFK-1 三种酶活性随着暴露浓度的增高而降低,表明 $PM_{2.5}$ 暴露会影响机体的糖无氧代谢速率,从而限制机体的无氧供能能力。分析其原因具体如下。

(1)长时间运动训练使机体氧化-抗氧化平衡遭到破坏,当细胞受到损伤时,酶从细胞内逸出进入细胞外液,细胞膜在脂质过氧化物的破坏下使通透性增强,同时影响细胞膜选择物质的能力,导致细胞内的酶释放入血液。$PM_{2.5}$ 进入机体后可以使细胞膜受损,增加膜的通透性,降低膜对流通物质分子的选择能力。

(2)$PM_{2.5}$ 所携带的有机污染物和重金属可以诱导机体产生自由基;结合本实验中卒中指数和神经病学症状评分的结果分析,$PM_{2.5}$ 在使抗氧化系统平衡得到破坏之时,同时诱导神经系统兴奋或抑制的失衡,导致神经递质产生和释放异常,使神经系统对机体行为的控制受到不良的影响,而组织内酶的合成和分解代谢与神经递质酶基因表达有关。结合缺氧时神经传递递质降低引起动物行为改变,说明中枢神经递质合成及代谢改变是引起缺氧时脑功能障碍的重要因素。另外,自由基和酶发生环氧化反应的过程中,糖代谢底物发生变构从而影响与酶的契合效应,其最终结果是减少代谢酶的生成量。

二、Zn-MT、运动及细颗粒物对大鼠肺无氧代谢酶的影响

图 6-2 显示,和 QC 组相比,EC 组四种酶活性均下降,其中 PK、PFK-1 差异有统计学意义($p<0.01$);和 EC 组相比,ZE 组 HK、PK、PFK-1 三种酶活性均显著上升而 LDH 活性下降;和 EC 组相比,LPE、MPE、HPE 组 HK、PK、PFK-1 三种酶活性均下降,而 LDH 活性升高;和对应的细颗粒物组相比,补充 Zn-MT 后,各组 HK、PK、PFK-1 活性回升而 LDH 活性下降。

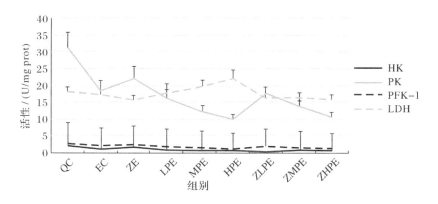

图 6-2　Zn-MT、运动及 $PM_{2.5}$ 对大鼠肺无氧代谢酶的影响（$n=8$）

运动对大鼠肺无氧代谢酶的影响及其机制的研究始于 20 世纪 70 年代,当时研究人员发现了一些与肺无氧化代谢酶相关的行为和生理变化。随着时间的推移,研究人员逐渐认识到运动对肺无氧代谢酶产生的影响,并提出了一些相关的机制。研究表明,运动可以增加大鼠肺部无氧代谢酶的活性,以适应机体的代谢水平。运动还可以增加大鼠的肺呼吸肌力量,提高心肺耐受性。运动会增加大动物的肺泡氧分压,增加肺泡中二氧化碳和氧的浓度。学者对运动对肺部无氧代谢酶的影响进行了研究,发现运动对氧自由基的产生和释放也有一定的影响。此外,运动还可以促进肺泡中的氧自由基和氧代谢产物的产生,进而影响肺功能。

和 QC 组相比,EC 组四种酶活性均下降,其中 PK、PFK-1 差异有统计学意义（$p < 0.01$）。造成这种结果的原因和机制有多个方面。首先,细运动时,肌肉细胞需要更多的氧气来供能,从而增加了氧气需求量。然而,氧气供应可能无法满足需求,导致肌肉细胞无氧谢增加。这种情况下,无氧代谢酶活性的下降可能是由于氧气不足造成的。其次,细运动时,肌肉细胞产生的乳酸增加,可能导致酸中毒。乳酸堆积会干扰细胞内的酶活性,包括无氧代谢酶。这可能是运动

导致无氧代谢酶活性下降的另一个原因。此外，细运动还可能导致肌肉细胞内能量储备的消耗，如磷酸肌酸的降解，以及 ATP 的消耗。这些能量储备的减少可能会影响无氧代谢酶的活性。需要指出的是，细运动导致无氧代谢酶活性下降的具体原因和机制可能会因个体差异和运动强度等因素而有所不同。深入的研究仍然需要进行，以更好地理解这个过程。

LPE、MPE、HPE 组 HK、PK、PFK-1 三种酶活性均下降。根据一些研究，细颗粒物的暴露可能会导致大鼠肺部发生炎症反应和氧化应激，从而干扰肺组织中无氧代谢酶的正常功能。细颗粒物可能通过多种机制影响无氧代谢酶。首先，细颗粒物可以进入肺部并与肺细胞发生直接作用，导致氧化应激反应的增加，破坏细胞内的氧化还原平衡，从而干扰无氧代谢酶的正常功能。其次，细颗粒物也可以激活肺部炎症反应，促使炎症细胞释放炎症介质和细胞因子，这些物质可能对无氧代谢酶的表达和活性产生影响。此外，细颗粒物还可能通过影响细胞信号传导途径、DNA 损伤和表观遗传调控等机制，对无氧代谢酶产生影响。这需要进一步的研究来深入探索细颗粒物对运动大鼠肺无氧代谢酶的具体影响机制。

补充 Zn-MT 后，各组 HK、PK、PFK-1 活性回升，表明 Zn-MT 可以调节细颗粒物污染大鼠的肺无氧代谢酶活性，提高其活性水平，并可能通过调节肺功能和呼吸等机制发挥作用。

总之，运动对大鼠的肺无氧代谢酶和氧自由基水平产生影响，并可能通过调节肺功能、呼吸和氧分担等机制发挥作用。$PM_{2.5}$ 暴露对呼吸系统的损伤存在连续性或惯性效应，环境因子、运动强度和持续时间都是影响酶活性的重要因素。$PM_{2.5}$ 对肺功能的影响存在一定的滞后性，并和暴露时间的长短存在短期或长期负效应。

三、Zn-MT、运动及细颗粒物对大鼠 BALF 无氧代谢酶的影响

由图 6-3 看出,与 QC 组相比,EC 组 HK、PK、PFK-1 三种酶活性显著性下降;而在 ZE 组各种酶活性相对于 EC 组均显著上升;和 EC 组相比,LPE、MPE、HPE 组 HK、PK、PFK-1 三种酶活性均下降且呈剂量相关反应;和 LPE、MPE、HPE 组相比,各补充 Zn-MT 组 HK、PK、PFK-1 三种酶活性回升,其中 PFK-1 差异有统计学意义($p<0.05$)。

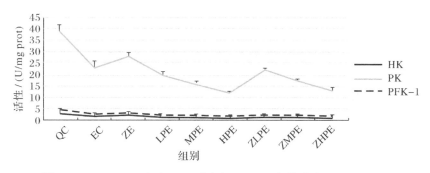

图 6-3 Zn-MT、运动及 $PM_{2.5}$ 对大鼠 BALF 无氧代谢酶的影响($n=8$)

流行病学研究发现,$PM_{2.5}$ 与呼吸系统疾病的发病率密切相关[134],BALF 中生化指标的变化也是肺损伤的表现。本实验中 BALF 中各种限速酶的活性变化,显示出了肺对 $PM_{2.5}$ 暴露浓度的敏感性和脆弱性。运动对大鼠 BALF 无氧代谢酶的影响是由运动引起的。研究表明,大强度运动可以降低实验大鼠 BALF 无氧代谢酶活性。其机制可能是 $PM_{2.5}$ 破坏了肺泡上皮-毛细血管屏障,使酶从胞浆中渗出,导致肺实质和膜性组织的损伤。另外,自由基与 $PM_{2.5}$ 的毒性累加效应,可以竞争性抑制酶和底物的结合,导致酶活性降低,并可能通过调节肺功能、呼吸频率和氧分压等机制发挥作用。具体机制可能与运动强度、运动时间、运动方式、呼吸频率、氧分压、氧代谢产

物和肺功能等有关。

在本实验中，和 QC 组相比，EC 组各组织中 HK、PK、PFK-1 活性均降低，推测其主要原因是本运动方案为有氧运动模型，机体虽持续运动时间长，但总体的运动强度不大，不足以启动机体的无氧代谢能力来动员更多的 ATP 以维持运动需要。而 HK、PK、PFK-1 为糖酵解的限速酶，其活性的变化主要与短时间大强度的运动有关，由于此时机体的有氧氧化供能系统足以提供运动所需的能量，因此 HK、PKP 及 PFK-1 活性没有出现上升的现象，这三种酶活性的下降也表示糖酵解过程受到一定程度的限制[135]。

四、Zn-MT、运动及细颗粒物对大鼠心脏无氧代谢酶的影响

图 6-4 显示，和 QC 组相比，EC 组四种酶活性均下降，其中 PK、PFK-1、LDH 差异有统计学意义。和 EC 组相比，ZE 组 HK、PK、PFK-1 三种酶活性均显著上升而 LDH 活性下降。和 EC 组相比，LPE、MPE、HPE 组 HK、PK、PFK-1 三种酶活性均下降，而 LDH 活性均升高，且均呈剂量相关反应。和对应的细颗粒物组相比，补充 Zn-MT 后，各组 HK、PK、PFK-1 三种酶活性回升而 LDH 活性下降，差异有统计学意义。

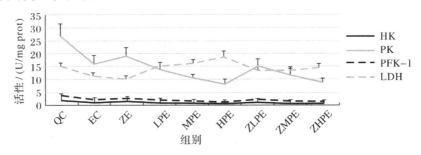

图 6-4　Zn-MT、运动及 $PM_{2.5}$ 对大鼠心脏无氧代谢酶的影响（$n=8$）

人体在空气污染的环境中生活和工作会导致心肺功能降低,心肺疾病发病率和死亡率增加[136]。由于机体是一个有机的整体,在应对外来的应激时需要各组织器官密切配合,在神经系统的支配下协调各系统来完成。机体的供能系统之间是相互联系、相互制约的。EC 组四种酶活性均下降,其中 PK、PFK-1、LDH 差异具有统计学意义,推测运动对心脏无氧代谢酶的影响及其机制包括增加线粒体数量和功能、改变细胞内能量代谢途径、调节信号通路等,这些变化有助于改善心脏的功能和适应性,这些机制相互作用,共同影响心脏无氧代谢酶的表达和活性,从而提高心脏的功能和适应性。

(1)线粒体适应性:运动可以增加心肌细胞中线粒体的数量和功能,提高线粒体的能量产生效率。

(2)能量代谢途径调节:运动可以改变心肌细胞内的能量代谢途径,促使更多的能量通过无氧代谢酶产生。

(3)信号通路调节:运动可以通过激活多种信号通路,如 AMP 活化蛋白激酶(AMPK)、过氧化物酶体增殖物激活受体 γ 辅激活因子 1α(PGC-1α)等,来调节心脏细胞中无氧代谢酶的表达和活性。

(4)血液供应改善:运动可以增加心脏的血液供应,提高氧气和营养物质的输送,从而促进无氧代谢酶的活性。

颗粒物染毒后三个剂量组中 HK、PK、PFK-1 三种酶活性均下降。从本实验各组织测试指标来看,细颗粒物对大鼠糖代谢酶的影响只是整个代谢过程的一部分,这还包括大气污染导致呼吸和心血管系统疾病的增高[137],细颗粒物对肺功能表现出来的滞后性短期负效应[138],另外可造成呼吸、心血管、免疫等多系统的健康损害,并与呼吸系统和心血管系统的发病率和死亡率有关[139]。

五、Zn-MT、运动及细颗粒物对大鼠肝脏无氧代谢酶的影响

图 6-5 显示，EC 组四种酶活性均下降；和 EC 组相比，ZE 组除 LDH、PFK-1 活性显著下降外，其他酶活性均显著上升；和 EC 组相比，LPE、MPE、HPE 组 HK、PK、PFK-1 三种酶活性均下降，LDH 活性均升高，差异均有统计学意义（$p<0.05$，$p<0.01$）；和对应的细颗粒物组相比，ZLPE、ZMPE、ZHPE 组中 HK、PK、PFK-1 三种酶活性回升而 LDH 活性下降，差异有统计学意义（$p<0.05$，$p<0.01$）。

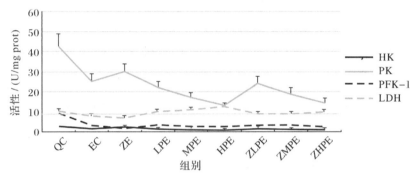

图 6-5　Zn-MT、运动及 $PM_{2.5}$ 对大鼠肝脏无氧代谢酶的影响（$n=8$）

实验数据显示，细颗粒物滴注后 HK、PK、PFK-1 三种酶活性均下降，且均呈剂量相关反应；虽然说此三种酶活性的改变并不绝对代表无氧或者有氧代谢能力的变化，但是滴注细颗粒物后 HK、PK 活性的改变也在一定程度上表明细颗粒物可以对机体的糖代谢酶产生不利的影响。分析其原因主要有以下几个方面：①细颗粒物中含有大量的无机和有机化合物，能够诱发肝脏纤维化，而在机体的供能系统中，糖类首先以肝糖原的形式存储在肝脏中，然后进行代谢和转化，当肝脏功能受损时，其贮存和代谢、解毒的功能必将减弱，当作为无氧和有氧代谢的底物减少时，糖代谢的整个过程也必将受到影响。②另外，研究发现，暴露细颗粒物后大鼠血清和一些组织中的抗氧化酶活性降低[140]，表明细颗粒物具有产生或诱导产生自由基的能

力,而自由基会与细颗粒物的化学成分产生加和作用,诱导体内的酶和蛋白质发生环氧化反应并导致糖代谢底物的变构,从而影响底物与酶的契合效应,最终导致代谢酶生成量的减少和活性的降低。③呼吸系统受到的细颗粒物污染效应(危害程度)与其沉积于呼吸系统的污染量有关,而沉积率与呼吸频率、呼吸量成正比。呼吸频率、呼吸量值越大,沉积率的值就越高,污染效应就越大,由于本运动方案总的运动时间累计为 155 min,所以大鼠的总肺通气量较大,使得细颗粒物的沉积量要比安静时大,这对于糖代谢关键酶的高度表达是不利的。

关于 HK、PK、PFK-1 三种酶活性的降低与细颗粒物滴注浓度的相关性,说明机体对细颗粒物的承载存在一定的阈值。在实验中,虽然低剂量组细颗粒物暴露对三种酶活性的影响不同,但中、高剂量组均可使三种酶活性下降,证明大鼠在 15 mg/kg 和 30 mg/kg 的剂量时才会对机体产生明显的毒性作用,这也说明在同样的运动强度和运动量下,环境污染越严重,细颗粒物对机体正常生理功能的干扰和损害越大。正常生理条件下,机体的运动离不开能量的供应,而机体内的各种能量代谢受到严格而精确的调节,以满足机体的需要。这种调节主要是通过代谢过程中的限速酶来平衡反应速度,不同的外界应激会引起相关酶发生适应性改变,使运动与能量代谢具有契合性特征。

六、Zn-MT、运动及细颗粒物对大鼠股四头肌无氧代谢酶的影响

图 6-6 显示,和 QC 组相比,EC 组四种酶活性均下降且差异有统计学意义($p < 0.05$,$p < 0.01$);和 EC 组相比,ZE 组 HK、PK、PFK-1 三种酶活性均升高,LDH 活性下降;和 EC 组相比,LPE、MPE、HPE 组 HK、PK、PFK-1 三种酶活性均下降,而 LDH 活性升

高,差异均有统计学意义($p<0.05,p<0.01$),且均呈剂量相关反应;和对应的 LPE、MPE、HPE 组相比,ZLPE、ZMPE、ZHPE 组中 HK、PK、PFK-1 三种酶活性回升而 LDH 活性下降,差异有统计学意义($p<0.05,p<0.01$)。

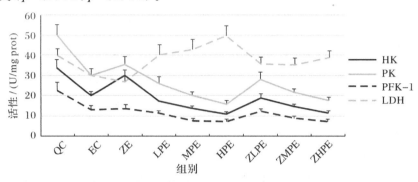

图 6-6 Zn-MT、运动及 $PM_{2.5}$ 对大鼠股四头肌无氧代谢酶的影响($n=8$)

无氧代谢是机体在缺氧情况下获取能量的有效方式,这种方式是某些细胞在氧供应正常情况下的重要供能途径,而有关无氧代谢酶活性的变化是分析机体无氧代谢能力的常用指标。机体在面临缺氧以及短时间大强度运动时往往优先动员无氧代谢方式,这是其对组织缺氧的一种普遍性适应。

机体在运动过程中所需要的能量主要来自骨骼肌的糖代谢,葡萄糖和糖原分别作为供能和储能的两种形式,其含量的多少直接影响能量供应的速率。HK、PK、PFK-1 三种酶活性的大小是反映组织能量状态的重要指标。股四头肌在运动过程中对能量供应系统调动的过程,实际上就是激活限速酶的过程。本实验中 HK、PK、PFK-1 三种酶在 $PM_{2.5}$ 暴露后均有下降趋势,表明 $PM_{2.5}$ 降低了运动大鼠的糖酵解过程的供能能力。这是因为 $PM_{2.5}$ 所吸附的有害物质,不仅可以直接造成组织细胞损伤,而且某些金属原子还可能与线粒体膜上的 Ca^{2+} 竞争结合,干扰细胞信号的传递,从而引起线粒体细胞膜内钙稳态失调,危及线粒体功能和细胞骨架结构,最终激活不可逆的细胞内成分的分解代谢过程。

　　另外,运动时随着运动时间的延长和运动强度的增加,当有氧氧化不能满足运动的需要时,机体便会动用无氧氧化提供能量供运动所需。但是由于糖酵解的增加,机体产生的 H^+ 也增加,因而导致血清乳酸水平升高。而 LDH 广泛存在于各组织器官中,作为判断肌肉疲劳的常用指标在运动实践中被广泛采用[141]。LDH 活性的高低常用来评价骨骼肌、肝脏、肾脏和心肌的无氧代谢能力,测定 LDH 活性增高情况,在一定程度上可反映组织无氧代谢的能力和组织器官的病变[142]。本实验中显示在 LPE、MPE、HPE 组 LDH 活性上升幅度为 22%～50%,表明机体无氧代谢的参与量增多,同时也表明在糖无氧酵解过程中丙酮酸还原成乳酸的生成量增多,这样的能量补充循环可以促进糖酵解过程中 ATP 的供应链不会中断,从而保证机体运动过程中的能量供应。糖酵解过程中产生的乳酸必须进入线粒体内进行三羧酸循环才能进行代谢。而这一过程需要在血液运输至肝脏后才能进行,并且乳酸要氧化成丙酮酸必须在 LDH 的作用才可以完成。LDH 活性的升高表明细颗粒物在一定程度上可以加剧机体无氧代谢的产生,这主要是由于细颗粒物进入气管后,到达肺组织,并且通过血液循环引起各组织上皮细胞损坏及肺泡吞噬细胞的破裂,充分说明了细颗粒物对组织有很强的损伤力。同时 LDH 活性的升高,也加速了乳酸的分解,使肌力疲劳得到缓解,因此 LDH 活性的升高也可以看作是对细颗粒物作用机体后的一种适应性反应。

　　虽然流行病学研究以及实验室研究均提出大气颗粒物的健康影响存在剂量-反应关系,但关于大气颗粒物对人体的作用阈值的研究,特别是实验室方面的研究涉及较少,所取得的动物实验研究成果对于人群的外推也有不确定性。针对动物实验的研究目前也处于探索阶段,在不同种别、不同月龄、不同运动状态、不同滴注浓度和滴注剂量上,机体对细颗粒物的反应是否存在不同的阈值,这也是我们开展动物实验探索机体对不同的细颗粒物剂量浓度反应的研究目的。因为动物滴注剂量组的设置需考虑多种综合因素,包括大鼠每分通气量(7.3 mL/min),大气细颗粒物在肺部的沉积率(20%左右)等。在本研究中所设置的7.5 mg/kg的剂量浓度与运动对照组相比时,不同的酶活性有升高或者降低的变化,且 HK 和 PK 差异有统计学意义,说明在本实验所设置的外部环境条件下,机体代谢酶所能承受的剂量阈值下限为 7.5~15 mg/kg,但由于本实验设计的最高剂量为 30 mg/kg,虽然说统计学分析表明差异具有显著性,但是否为机体所能承受的阈值上限浓度尚不能确定。这也提示相关环境监测部门和运动者在运动时要注意细颗粒物的浓度变化,因为这是导致运动能力下降和健康效应受损的一个重要因素。

第二节　Zn-MT、运动及细颗粒物对大鼠有氧代谢酶的影响

一、Zn-MT、运动及细颗粒物对大鼠血清有氧代谢酶的影响

图 6-7 显示,和 QC 组相比,EC 组三种酶活性均升高,且 IDH 有显著性差异($p<0.05$),CS 有极显著性差异($p<0.01$);和 EC 组相比,ZE 组各酶活性升高,其中 α-KGDH 有显著性差异($p<0.05$);LPE、MPE、HPE 组和 EC 组相比酶活性呈剂量相关性下降,差异有统计学意义($p<0.05,p<0.01$)。ZLPE、ZMPE、ZHPE 组中酶活性回升,其中 ZHPE 组各指标有极显著性差异($p<0.01$)。

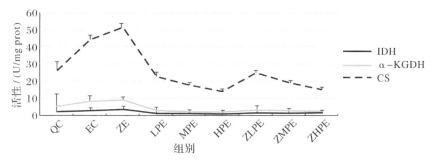

图 6-7　Zn-MT、运动及 $PM_{2.5}$ 对大鼠血清有氧代谢酶的影响($n=8$)

糖的有氧氧化是指在机体氧供充足时,葡萄糖彻底氧化成 H_2O 和 CO_2,并释放出能量的过程。有氧氧化是糖氧化的主要方式,绝大多数组织细胞都通过有氧氧化获得能量。它包括三个阶段:第一阶段,丙酮酸的生成;第二阶段,丙酮酸的氧化脱羧;第三阶段,乙酰辅酶 A 进入三羧酸循环彻底氧化。机体能量的供应主要来自糖的有氧氧化,一般情况下糖的有氧氧化产生的能量足以供机体所需,并且这种供能方式效率高,由于能量的释放是渐进式的,因此可以维持较长的时间,大大提高能量的利用率。在这个过程当中,柠檬酸合成酶、异柠檬酸脱氢酶和 α-酮戊二酸脱氢酶复合体是丙酮酸氧化脱羧生成乙酰辅酶 A 并进入三羧酸循环的一系列反应的调节需要限速酶。

实验数据也显示,运动后血清有氧氧化限速酶 IDH 活性升高,这表明本实验运动方案可以促进机体有氧氧化能力的提高,同时 IDH 活性升高也表明组织氧利用能力提高,保证组织收缩时的能量供应,提高肌肉的工作效率和运动持久能力。这主要是因为能量代谢相关酶活性的变化最能迅速地反映各种训练期组织亚细胞结构的适应和有氧代谢能力的水平,因此,有氧运动训练可引起 IDH 活性的改变也是机体对运动适应的一种表现。

LPE、MPE、HPE 组酶活性和 EC 组相比呈剂量相关性下降,表明细颗粒物暴露可以影响大鼠的有氧代谢通路,增加有氧能量代谢的消耗,从而不利于大鼠机体的恢复和健康。细颗粒物暴露对大鼠血清有氧氧化酶活性的影响机制包括氧化应激反应、代谢通路、炎症反应等。这些因素可能会对大鼠有氧代谢酶的活性产生影响,从而影响大鼠的健康和生存状态。因此,需要采取相应的措施来预防和控制细颗粒物的污染,以保护大鼠的身体健康和生命安全。

二、Zn-MT、运动及细颗粒物对大鼠 BALF 有氧代谢酶的影响

图 6-8 为 Zn-MT、运动及细颗粒物对大鼠 BALF 有氧代谢酶的影响,从图中可以看出,各组酶活性的变化虽不相同,但是表现出一定的规律性,其中:和 QC 组相比,EC 组各酶活性均出现上升趋势,IDH 和 CS 差异有统计学意义($p<0.05$);和 EC 组相比,ZE 组酶活性表示出继续上升的趋势,其中 IDH 和 α-KGDH 差异有统计学意义($p<0.05$,$p<0.01$);而 LPE、MPE、HPE 组和 EC 组相比,酶活性均呈现出剂量递减的变化,差异有统计学意义($p<0.05$,$p<0.01$);而在补充 Zn-MT 后,各组酶活性和其对应的滴注组比较,呈现出恢复性上升,差异有统计学意义($p<0.05$,$p<0.01$)。

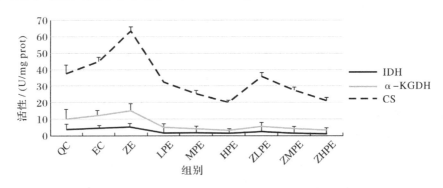

图 6-8　Zn-MT、运动及 $PM_{2.5}$ 对大鼠 BALF 有氧代谢酶的影响($n=8$)

本实验中,Zn-MT、运动和细颗粒物对大鼠 BALF 有氧代谢酶活性均产生了一定的影响。运动可以增加 BALF 中 IDH、CS 和 α-KGDH 的活性,表明本实验方案可以促进三种酶活性的增加,提高细胞内氧气含量。而在细颗粒污染后,IDH、CS 和 α-KGDH 的活性降低,从而降低细胞内的氧气含量,使细胞糖代谢发生异常,且呈现剂量依赖效应。呼吸系统受到的 $PM_{2.5}$ 污染效应与其沉积于呼吸系统的污染量有关,而沉积率与呼吸频率、呼吸量成正比。呼吸频率、呼吸量值越大,沉积率的值就越高,污染效应就越大,由于本运动方案总的运动时间累计为 155 min,所以大鼠的总肺通气量较大,使得 $PM_{2.5}$ 的沉积量要比安静时大,这对于糖代谢关键酶的高度表达也是不利的。在补充 Zn-MT 后,各组酶活性和其对应的滴注组比较,呈现出恢复性上升,差异有统计学意义,表明 Zn-MT 可以缓解细颗粒物对运动过程中糖代谢的不利影响。

三、Zn-MT、运动及细颗粒物对大鼠肺有氧代谢酶的影响

图 6-9 显示,在 Zn-MT、运动及细颗粒物对大鼠肺有氧代谢酶影响的变化趋势中,呈现出明显的规律性,即:和 QC 组相比,运动和补充 Zn-MT 后各酶活性升高,其中 α-KGDH 和 CS 差异有统计学意义($p<0.05$,$p<0.01$);在各剂量细颗粒物滴注组中,酶活性随着滴

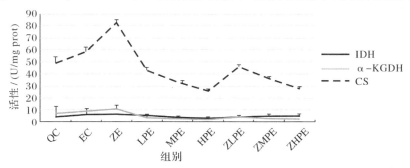

图 6-9　Zn-MT、运动及 $PM_{2.5}$ 对大鼠肺有氧代谢酶的影响($n=8$)

注浓度的升高而降低,表现出剂量相关反应,差异有统计学意义($p<0.05$,$p<0.01$);而在补充 Zn-MT 后,各组酶活性和其对应的滴注组比较,呈现出恢复性上升,差异有统计学意义($p<0.05$,$p<0.01$)。

动物实验表明,空气污染会导致糖代谢异常,主要表现为葡萄糖不耐受和胰岛素抵抗等。人们普遍认为肺部炎症在胰岛素抵抗的发生、发展中起重要作用,并且空气污染可以通过激活特定的炎症信号通路,如 NF-κB、c-Jun 氨基端激酶(JNK)和 Toll 样受体(TLR)等信号通路,进而导致胰岛素抵抗。在各剂量细颗粒物滴注组中,酶活性随着滴注浓度的升高而降低,表现出剂量相关反应,差异有统计学意义($p<0.05$,$p<0.01$),表明在一定程度上 PM$_{2.5}$ 染毒可以对机体的糖代谢酶产生不利的影响。细颗粒物可以通过调节 IDH 基因的转录和翻译来影响肺部 IDH 的表达水平,由于 IDH 是氧化应激反应的重要靶点之一,细颗粒物诱导的氧化应激反应可能会影响 IDH 的活性,从而影响细胞的能量代谢和功能,加重肺部的损伤和炎症反应。细颗粒物对肺有氧代谢酶 IDH 的影响机制相对复杂,涉及多个因素和通路。其中,诱导肺部炎症反应和氧化应激反应,通过调节相关基因和信号转导通路来影响肺组织有氧代谢酶的活性或含量,是细颗粒物影响运动过程中呼吸能量供应和功能的主要原因之一。

四、Zn-MT、运动及细颗粒物对大鼠心脏有氧代谢酶的影响

由图 6-10 可以看出,EC 组和 QC 组相比,各酶的活性均上升,且差异有统计学意义($p<0.05$,$p<0.01$);和 EC 组相比,ZE 组酶活性继续上升,其中 CS 差异有统计学意义($p<0.05$);而 LPE、MPE、HPE 组和 EC 组相比各酶活性均呈现出剂量相关递减的变化,差异有统计学意义($p<0.05$,$p<0.01$);在补充 Zn-MT 后,各组酶活性和其对应的细颗粒物组比较呈现出恢复性上升,ZMPE 组的 CS 差异有统计学意义($p<0.05$)。

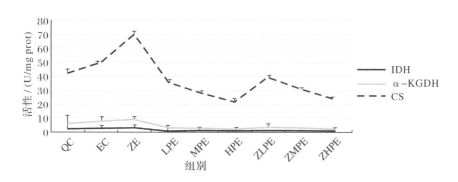

图 6 - 10　Zn-MT、运动及 $PM_{2.5}$ 对大鼠心脏有氧代谢酶的影响($n=8$)

　　规律性运动可增加胰岛素敏感性,提高心肌质量并增强其糖脂代谢能力。EC 组和 QC 组相比,各酶活性均出现上升,表明本运动方案可提高 IDH、α-KGDH 和 CS 的活性。由于有氧运动增加胰岛素敏感性和刺激葡萄糖摄取能力的时间较长,而抗阻运动可在短时间增加肌纤维的数量和体积,不仅能够提高肌肉对葡萄糖的摄取能力,也能够使摄取时间延长。

　　LPE、MPE、HPE 组和 EC 组相比,各酶活性均呈现出剂量相关递减的变化,表明细颗粒物对心肌有氧代谢产生了一定的负面影响。本实验前述研究发现,$PM_{2.5}$ 染毒后大鼠血清和一些组织中的抗氧化酶活性降低,表明细颗粒物具有产生或诱导产生自由基的能力,而自由基会与 $PM_{2.5}$ 的化学成分产生加和作用,诱导体内的酶和蛋白质发生环氧化反应并导致糖代谢底物的变构,从而影响底物与酶的契合效应,导致代谢酶生成量减少和活性的降低。进入呼吸系统的 $PM_{2.5}$ 可引起肺部的氧化应激和炎症反应,继而引发全身性炎症反应,通过激活凝血机制、削弱血管功能等一系列的作用,最终引发心血管系统损伤。补充 Zn-MT 后,各组和其对应的细颗粒物组比较,呈现出恢复性上升,表明 Zn-MT 能使有氧代谢酶活性表达上调并发挥其保护作用。

五、Zn-MT、运动及细颗粒物对大鼠肝脏有氧代谢酶的影响

图 6-11 显示,和 QC 组相比,EC 组有氧代谢酶在运动后活性均上升,其中 IDH 和 CS 有显著性差异($p<0.05$);和 EC 组相比,ZE 组酶活性继续上升,其中 CS 有显著性差异($p<0.05$);不同剂量的细颗粒物组中酶活性随着滴注剂量的增加而降低,呈现出剂量相关反应,且在中高剂量组中差异有统计学意义($p<0.05$,$p<0.01$);补充 Zn-MT 后,各组和其对应的细颗粒物组比较,酶活性呈现出恢复性上升,部分酶活性差异有统计学意义($p<0.05$)。

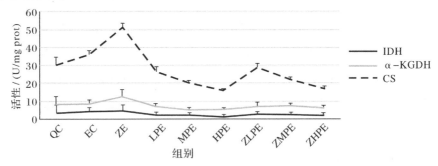

图 6-11　Zn-MT、运动及 $PM_{2.5}$ 对大鼠肝脏有氧代谢酶的影响($n=8$)

运动肝糖原的贮存量处于合成和降解的动态平衡之中,血糖的稳定则维系于以肝脏为主的向血液中输出葡萄糖和以骨骼肌、心肌、大脑为主的器官对血糖摄取利用的动态变化之中。在低强度和中等强度运动时,肝内糖代谢过程主要在组织细胞内进行。限速酶是磷酸化酶,调节肝糖原合成或分解都是通过调节这些限速酶的活性来实现的。人体处于运动状态时,在保持和控制糖代谢稳态的过程中,肝脏起着非常重要的作用,主要是:储存和分解肝糖原,当肝糖原贮藏满时,脂肪便由部分血糖转化而来,葡萄糖或肝糖原就通过糖异生的作用来合成。运动时,收缩肌肉会从血液中吸取葡萄糖,肝脏加快葡萄糖的形成和释放,两者维持了血糖的平衡。运动中血糖的吸收和肝脏葡萄糖的释放处于一种平衡状态。肝脏葡萄糖的来源主要有

两种途径:糖基化和糖原分解。在持续运动的早期阶段,肝脏葡萄糖的释放主要是由肝糖原分解引起的。随着运动的进行,糖基化底物增加,葡萄糖异源性与肝糖释放的比例也会增加。在后期的运动中,两者释放的葡萄糖无法与收缩肌肉吸收和利用的葡萄糖平衡,血糖水平趋于下降,从而运动能力也会下降。因此,大多数直接或间接影响肝糖释放的因素也是影响葡萄糖吸收的因素。由于运动开始阶段(<30 min)肝脏释放的葡萄糖都是由肝糖原分解提供的,肝糖异生暂时没有发挥作用,因此,血糖的变化不大,血液中产生葡萄糖和葡萄糖消失的速度一致。运动的时间与强度和葡萄糖进入血液量是成正比关系的。持续运动的时间超过 30 min 后,运动强度约为 30% 最大摄氧量时,肝糖异生作用开始增加。继续增大运动强度,则糖异生作用将更明显地增大。乳酸、生糖氨基酸、甘油和丙酮酸是糖异生作用主要的底物。在运动持续大概 40 min 时,葡萄糖达到最大值,是由糖异生作用生糖氨基酸产生的,其中含有丙氨酸、甘氨酸、丝氨酸、谷氨酸和谷胱甘肽、酪氨酸和苯丙氨酸。最重要的是丙氨酸,它在肝脏中生成葡萄糖的速度与运动肌群释放丙氨酸的速率以及运动的强度成正比,为此,在耐力运动后期,肝脏释放葡萄糖对运动能力的重要性才反映出来,维持血糖水平和中枢神经系统及肌肉的功能过程与它紧密相连。

实验数据显示,运动各组氧代谢酶在运动后活性均上升,其中IDH 和 CS 差异有统计学意义。这表明肝脏释放葡萄糖以及肌肉摄取葡萄糖的速度可以通过有氧运动来加快,对健康人维持正常的血糖水平和胰岛素敏感性有益。有氧运动能通过促进糖代谢相关因子的磷酸化水平而改善肝脏糖代谢。

本实验不同剂量的细颗粒物组中酶活性随着滴注剂量的增加而降低,呈现出剂量相关反应,且在中高剂量组中差异有统计学意义,因此,本研究推测 $PM_{2.5}$ 导致肝脏损伤从而导致糖代谢紊乱的原因可能有以下几个。①炎症反应：PM$_{2.5}$中的有害物质可以引发炎症反应，激活炎症细胞和分子，干扰胰岛素的正常信号传导和糖代谢调节，导致胰岛素抵抗和糖代谢紊乱。②氧化应激：PM$_{2.5}$中的有害物质可以诱导氧化应激反应，增加自由基的产生，破坏胰岛素信号通路和糖代谢相关的分子，导致胰岛素敏感性下降和糖代谢紊乱。③神经内分泌干扰：PM$_{2.5}$中的有害物质可能干扰神经内分泌系统的正常功能，干扰胰岛素和其他激素的平衡，影响糖代谢的调节。④线粒体功能受损：PM$_{2.5}$中的有害物质可以影响线粒体的结构和功能。

六、Zn-MT、运动及细颗粒物对大鼠股四头肌有氧代谢酶的影响

Zn-MT、运动及细颗粒物对大鼠股四头肌有氧代谢酶的影响如图 6-12 所示。和 QC 组相比，EC 组 IDH、α-KGDH 和 CS 活性在运动后升高，且 α-KGDH 和 CS 差异有统计学意义（$p<0.05$，$p<0.01$）；补充 Zn-MT 后酶活性继续升高，差异均具有统计学意义（$p<0.05$）；和 EC 组相比，随着细颗粒物滴注浓度的升高，酶活性却呈剂量相关性下降，且在 MPE 和 HPE 两组中均表现出极显著性差异（$p<0.01$）；补充 Zn-MT 后，各组和其对应的细颗粒物组比较，酶活性呈现出恢复性上升，但差异无统计学意义。

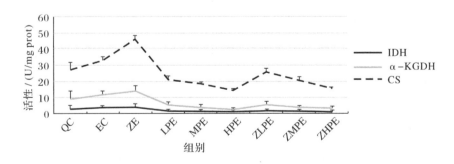

图 6-12 Zn-MT、运动及 PM$_{2.5}$对大鼠股四头肌有氧代谢酶的影响（$n=8$）

骨骼肌是机体调节糖代谢的主要器官,主要通过参与糖原合成、糖原分解、糖酵解和糖异生等糖代谢过程对机体葡萄糖的储存、释放、分布进行调控,在维持机体血糖稳态中具有不可替代的作用。实验数据显示,EC 组 IDH、α-KGDH 和 CS 活性在运动后升高,且 α-KGDH和CS 差异有统计学意义($p<0.05$,$p<0.01$)。运动后有氧氧化限速酶 IDH、α-KGDH、CS 活性升高 30％左右,表明本实验运动方案可以使机体有氧氧化能力增强,同时三种有氧氧化限速酶活性的升高也使骨骼肌和心肌组织利用氧的能力提高,在运动时保证肌肉收缩时能量的供给,有效增强机体的运动效能和持久力。限速酶作为三大供能物质代谢的关键酶,它们的变化可以及时地反映运动期间机体器官、组织及微细结构的代谢水平,有氧运动训练可引起 IDH、α-KGDH、CS 活性的改变也是机体对运动适应的一种表现。由此可见,运动可调控骨骼肌糖代谢,而运动也可能介导骨骼肌生物钟而发挥对糖代谢的调控作用。

在人体的实验中发现,70 min、70％最大摄氧量的自行车运动与50％最大摄氧量的同样运动相比,可显著影响骨骼肌核心生物钟基因和糖代谢基因的表达。另外,受试者进行一次 80％最大力量的伸腿抗阻训练 6 h 后,股四头肌中 CRY1、PER2 和 BMAL1 基因表达呈现显著上调,同时葡萄糖转运、葡萄糖和糖原代谢相关基因表达发生改变。骨骼肌作为机体重要的动力源,其糖氧化供能是大强度有氧运动的主要能量来源,故骨骼肌糖代谢水平也是影响有氧运动能力的重要因素[143]。骨骼肌糖代谢水平除了受遗传、营养、运动等因素的影响外,也受生物钟的调节。

影响糖代谢速率快慢的因素不仅包括自身因素也包括后天的环境因素。自身因素主要是机体本身内稳态的调节,包括神经-内分泌-氧化抗氧化-免疫调控网络的功能;而环境内分泌作为机体对环境应激反应的一类敏感指标,受到网络的任一环节的影响[144]。和对照组相比,在低、中、高三种浓度细颗粒物滴注后 IDH、α-KGDH、CS 活性均下降且呈剂量相关性,在 MPE 和 HPE 两组中均表现出极显著性差异($p < 0.01$)。这表现出与无氧代谢酶同样的变化,说明细颗粒物不仅对机体的无氧代谢不利,同时对有氧代谢也有一定的损伤作用。

本实验有氧氧化酶活性变化的原因与细颗粒物滴注浓度有关,说明组织细胞在细颗粒物滴注后受到强烈的应激刺激,在这种强应激下,机体组织细胞难以承受应激带来的损伤,导致细胞微细结构和功能损伤,氧化酶的活性也随着损伤的强度而有所变化。尤其是对骨骼肌系统来说,由于细颗粒物对糖有氧代谢的毒理作用使能量的供给难以满足骨骼肌的收缩所需,因此机体的运动能力受到影响。一些蛋白质如乙醇脱氢酶和一些铁结合蛋白通过氧化应激和/或氧化损伤失活,某些抗氧化蛋白的功能对氧化损伤也很敏感,如铜锌超氧化物歧化酶易遭受氧化损伤失活,导致抗氧化功能丧失,进一步加剧活性氧损伤[145]。三羧酸循环中的 IDH、α-KGDH、CS 限速酶,被认为是高等生物氧化应激过程中活性氧攻击代谢途径的主要靶标。细颗粒物导致氧化应激、炎症反应、凝血障碍、免疫功能下降、内皮功能损伤和心肌细胞凋亡的发生,这些通路的联合作用共同介导了对代谢的影响作用。在代谢过程中,呼吸链功能的氧化失活,对依赖有氧呼吸的生物体而言是非常不利的,氧化应激导致细胞进入凋亡,被认为是活性氧发挥促凋亡作用的结果[146]。另外,机体内代谢循环反应受到多种因素的影响,反应物和代谢产物均影响整个代谢的速率,二者均可以影响机体代谢过程中 ATP 的生成量。ATP 是 PK、IDH 的别构抑制剂,细颗粒物暴露可以引起炎症反应,并导致线粒体功能障碍,从而影响糖酵解和有氧氧化。

补充 Zn-MT 后,大数股四头肌中 IDH、α-KGDH 和 CS 的活性回升,表明 Zn-MT 可缓解细颗粒物暴露带来的对运动大鼠有氧代谢酶的损伤。补充 Zn-MT 可能影响细胞信号转导通路，从而影响 IDH、α-KGDH和 CS 的活性。细胞信号转导是细胞响应内外部刺激的关键过程，可以调节细胞的生长、分化、凋亡等。Zn-MT 可能通过调节某些信号分子的活性，影响 IDH、α-KGDH 和 CS 的表达和功能。Zn-MT对滴注细颗粒物后糖代谢的保护作用发生于应激反应的什么阶段，是否是通过自身的功能还是通过其抗氧化等功能来间接实现？这些问题有待进一步研究。

第三节　本章小结

统计学分析表明，和 QC 组相比，EC 组各组织中糖代谢酶 HK、PK、PFK-1 活性均降低，有氧氧化限速酶 IDH、α-KGDH、CS 活性升高，且部分指标差异具有显著性，这是因为本运动模型虽持续运动时间长，但总体的运动强度不大，因此启动机体无氧代谢的程度也有限。

细颗粒物滴注后 HK、PK、PFK-1 三种酶活性均下降，LDH 上升，且均呈剂量相关反应；在低、中、高三种浓度细颗粒物滴注后IDH、α-KGDH、CS 活性呈剂量相关性下降。这说明细颗粒物不仅对机体的无氧代谢不利，同时对有氧代谢也有一定的损伤作用。

补充 Zn-MT 后大鼠血清及组织中 HK、PK、PFK-1 活性上升，而LDH 活性下降，表明 Zn-MT 可以缓解细颗粒物对机体无氧代谢的造成的损伤作用。

第七章

细颗粒物及 Zn-MT 对大鼠
血清离子及激素的影响

由于细颗粒物对有机物和重金属等物质的强吸附能力，因此细颗粒物吸入后必然会影响血液中的离子浓度，对血液缓冲系统、骨骼肌收缩、兴奋性传递等产生不利的影响。另外，微量元素可诱导体内 MT 合成，参与机体中离子的转运和代谢，这些因素间的相互作用对维持机体内稳态的平衡有重要意义。

第一节 指标测试方法

本章主要研究细颗粒物及补充 Zn-MT 对运动大鼠血清离子和部分激素指标的影响，以期为研究环境污染、Zn-MT 及训练负荷与血清离子、激素之间关系的变化提供研究基础。通过建立细颗粒物暴露及补充 Zn-MT 的运动模型，来观察运动过程中及运动后恢复一段时间大鼠血清离子、内分泌功能等指标的变化，不仅有助于探讨细颗粒物滴注后机体相关器官、系统的变化情况及其机制，同时也有助于对补充 Zn-MT 后运动大鼠的恢复情况和干预措施进行研究。

一、离子测定

测试时首先对血清进行稀释,进行标准曲线的制作,然后建立标准方程和进行样品测定,随后对稀释好的样品进行检测,读出样品吸光值,通过线性方程计算出每种元素的测定含量。

二、血清睾酮和皮质醇的测定

实验开始前,先将备用的血清平衡至室温,然后按照试剂盒要求稀释配比后进行测试,具体的测试方法严格按照说明书进行。测试的方法为 ELISA 法,用酶标仪在 450 nm 波长下测定吸光度(OD值),计算样品浓度。

第二节　运动及细颗粒物对大鼠血清离子的影响

如表 7-1 所示,和 QC 组相比,EC 组 Cu^{2+} 和 Mg^{2+} 浓度降低且有极显著性差异($p < 0.01$),而 Ca^+、Na^{2+}、K^+ 浓度升高且 Na^+ 有显著性差异($p < 0.05$)。和 EC 组相比,LPE、MPE、HPE 组 Cu^{2+} 浓度升高,其中 MPE 组有显著性差异($p < 0.05$),HPE 组有极显著性差异($p < 0.01$);Mg^{2+}、Na^+ 和 K^+ 浓度也呈剂量相关性升高,且 HPE 组三种离子分别有极显著性差异($p < 0.01$)和显著性差异($p < 0.05$);而 Ca^{2+} 浓度表现出波浪形变化,即在 LPE 和 MPE 组中下降且 MPE 组有显著性差异($p < 0.05$),但是在 HPE 组中升高。

表 7-1　Zn-MT 及细颗粒物对运动大鼠血清离子的影响($n=8$)　单位:nmoL/g

组别	Cu^{2+}	Ca^{2+}	Mg^{2+}	Na^+	K^+
QC	14.60±2.08	5.63±0.15	6.69±0.44	0.32±0.16	1.13±0.05
EC	8.34±1.39**	7.16±0.29	2.41±0.21**	0.50±0.18*	1.86±0.68
LPE	9.22±0.86	7.02±0.55	2.65±0.41	0.60±0.34	1.91±0.72

续表

组别	Cu^{2+}	Ca^{2+}	Mg^{2+}	Na^+	K^+
MPE	11.86±1.05▲	5.03±0.39▲	2.83±0.26	0.62±0.21	2.04±0.93▲
HPE	12.02±0.98▲▲	8.75±0.64	4.02±0.28▲▲	0.88±0.71▲	2.25±0.33▲

注:与 QC 比较,* 表示 $p<0.05$,** 表示 $p<0.01$;与 EC 比较,▲ 表示 $p<0.05$,▲▲ 表示 $p<0.01$。

在机体内,微量元素以多种存在方式发挥着生理作用,其中主要结合形式是通过激素、酶和维生素的构成因子对肌肉兴奋性、缓冲酸碱度等起作用。Ca^{2+}、Na^+、K^+、Cu^{2+}、Mg^{2+} 均是体内必需的无机离子,与生物体电子传递、免疫应答、兴奋传导等有广泛联系[147];同时也是许多蛋白质和生物酶类发挥生理作用所必不可少的辅助因子,而且对酶的催化活性有调节作用。另外,关于颗粒物污染对健康效应的影响在环境科学和运动科学领域中一直备受关注。Cu^{2+} 在机体代谢中参与组织造血与生物催化功能,影响细胞电子传递障碍和结缔组织功能,对胶原纤维和弹性蛋白的交联和成熟,以及肾上腺素和儿茶酚胺的形成都有一定的影响[148]。实验数据显示,和 QC 组相比,EC 组 Cu^{2+} 浓度降低,表明持续性耐力运动会造成组织的 Cu^{2+} 随着血液的运输和转移而使血清中 Cu^{2+} 浓度下降。因为 Cu^{2+} 是抗氧化酶铜锌超氧化物歧化酶的辅助因子,与该酶的活性直接相关,所以 Cu^{2+} 下降时会使抗氧化酶的活性下降。因此本实验的 Cu^{2+} 浓度下降与前面抗氧化酶活性的下降有一定的照应性。Mg^{2+} 作为生物激活剂,在体内主要参与 DNA、RNA、谷胱甘肽、糖、脂肪及蛋白质的合成,对细胞发挥正常功能和能量代谢十分重要。同时它还影响钙、钾的代谢。实验数据表明 EC 组 Mg^{2+} 浓度降低 64%,和 Cu^{2+} 的表现呈现一致性。由于 Mg^{2+} 可以通过影响其他离子转运和协调工作,共同完成肌肉的收缩和舒张过程,因此 Mg^{2+} 浓度的下降会影响神经组织的兴奋性,这也许是导致大鼠行为学能力下降的一个原因。

Ca^{2+} 是维持机体生理活动所必需的离子,主要表现在维持正常的神经传导和细胞膜的生物电位,保证肌肉的收缩与舒张功能以及神经—肌肉的传递,还有一些激素的作用机制均通过 Ca^{2+} 表现出来。并且 Ca^{2+} 参与神经信号的传递,影响机体的学习和行动功能。K^+、Na^+ 也是体内重要的无机离子,在能量代谢、肌肉收缩、呼吸、信号转导、神经传递、酶促反应以及对毒剂和诱变剂的防护方面起着重要的作用[149]。

本实验结果显示,运动后 Ca^{2+}、K^+、Na^+ 浓度均升高,表明机体内的"离子池"可以根据外来的运动应激程度来调节泵出离子的种类和数量,以维持机体的正常功能。和运动对照组相比,各离子浓度在不同剂量细颗粒物浓度滴注后的变化表现出差异性,其中 Cu^{2+}、Mg^{2+}、Na^+、K^+ 浓度随着滴注浓度的增加而增加,具有剂量相关性,这说明细颗粒物会使细胞质膜上离子交换异常,导致离子的被动性弥散增加。无机离子作为运动过程中机体神经传递的介质,在受外界有害因子刺激后呈诱导性、暴发性表达,同时也说明机体通过细胞内离子浓度的增加和提高组织的兴奋性来维持一定的运动能力,对抗细颗粒物带来的危害。心肌和神经都需要有相对恒定的 K^+ 浓度来维持正常的应激性。K^+ 浓度过高,对心肌有抑制作用,可使心跳在舒张期停止;血清钾过低能使心肌兴奋,可使心跳在收缩期停止。Na^+ 是细胞外液中带正电的主要离子,能够参与水的代谢,保证体内水的平衡,有助于血压、神经、肌肉的正常运作;还可以维持体内酸和碱的平衡。滴注细颗粒物后,Na^+、K^+ 含量升高,导致肌细胞膜去极化的阈值增加,肌肉做功能力下降,这也验证了细颗粒物暴露组大鼠卒中指数和神经病学症状得分增加而导致行为学表现能力下降的原因。而 Ca^{2+} 浓度在滴注后表现出波浪形变化,即在 LPE 和 MPE 组中下降,在 HPE 组中升高,这说明不同的细颗粒物浓度对 Ca^{2+} 的影响是不同的。在低浓度和中浓度细颗粒物滴注后,Ca^{2+} 浓度下降表明神经递质的释放受到阻隔,机体的兴奋和抑制平衡机制遭到破坏;Ca^{2+}活性的降低会使神经元能量供给受阻,细胞内外离子交换紊乱。肌细胞内钙不仅是兴奋-收缩耦联(excitation-contraction coupling)的重要因子,也是增强肌纤维收缩速率及输出功率的关键环节[150]。在高浓度细颗粒物滴注后 Ca^{2+} 浓度升高表明可以引起细胞内游离钙超载,而这会使线粒体内氧化磷酸化过程障碍以及胞浆内磷脂酶、蛋白酶等激活,促进细胞的不可逆性损伤[151]。其升高的原因是:①细颗粒物导致细胞外 Ca^{2+} 因其通道开放或细胞膜损坏而流入细胞内;②细颗粒物引起肌浆网的摄钙能力下降;③细颗粒物在某种程度上导致钙泵功能障碍等。

第三节 Zn-MT 及细颗粒物对运动大鼠血清内分泌指标的影响

睾酮(T)是体内主要的雄性激素,可促进体内的合成代谢,对增加红细胞数量、促进肌肉的生长与肌力的增加、维持骨强度和密度以及促进骨髓红细胞的产生等起到重要的生理作用。分泌的睾酮有 2% 进入血液后,成为游离睾酮(FT)。在训练实践中,主要研究游离睾酮对运动的影响,但结果因运动强度、持续时间、运动方式不同而具有多样性。运动性血睾酮变化一直是运动医学界研究的重点之一。皮质醇应激反应对维持人体的正常生理功能至关重要,当人体感知到外部压力时,会刺激 HPA 轴加速分泌皮质醇(C),提升血液内糖脂物质浓度,激活糖异生。频繁的高强度刺激(如剧烈运动)或持续的低强度压力(如疲劳、压抑)会导致血液皮质醇浓度的长期慢性增加,高强度运动产生的应激压力会引发明显的皮质醇反应,刺激 HPA 轴分泌大量皮质醇,进而抑制蛋白质的合成代谢,延缓身体机能恢复,最终对运动表现产生不利影响。

本实验显示,Zn-MT、运动及细颗粒物对大鼠血清内分泌指标的影响如表 7-2 所示。和 QC 组相比,EC 组 T 和 FT 含量均降低,C 含量升高;和 EC 组相比,各浓度细颗粒物组 T 和 FT 含量随着滴注剂量的升高而呈相关性下降,而 C 含量随着滴注浓度的升高而升高;补充 Zn-MT 后,和其对应的细颗粒物组比较,T 和 FT 含量呈现出恢复性上升,而 C 含量下降,差异有统计学意义($p<0.05$,$p<0.01$)。

表 7-2　Zn-MT 及细颗粒物对运动大鼠血清内分泌指标的影响($n=8$)

组别	T 含量/(ng/dL)	C 含量/(μg/dL)	FT 含量/(pg/mL)
QC	328.19±22.33	9.31±1.04	38.62±10.24
EC	241.64±20.96	10.86±1.53	35.33±3.12
LPE	217.48±23.29	13.71±1.81*	17.65±2.32**
MPE	184.86±15.80*	15.23±2.01**	16.28±3.24**
HPE	129.40±13.86**	19.80±2.1*	8.65±3.57**
ZLPE	221.33±20.76	10.44±1.28▲	22.90±3.01▲
ZMPE	205.81±19.72▲	14.59±1.82	18.04±2.05
ZHPE	231.43±22.81▲▲	14.11±1.73	15.33±1.69▲▲

注:与 EC 比较,* 表示 $p<0.05$,** 表示 $p<0.01$;与对应单纯滴注运动组比较,▲ 表示 $p<0.05$,▲▲ 表示 $p<0.01$。

以往研究表明,应激可引起下丘脑神经内分泌功能发生改变[152],这种变化与外界应激的强度和持续时间有关,主要表现为下丘脑各神经核团活动的改变[153]。血清及组织中 T、C 及 FT 常作为评价机体疲劳状况的指标之一[154]。运动应激引起 HPA 轴功能改变,继而导致皮质酮分泌增加,使血睾酮水平下降。本实验研究发现:较 QC 组相比,EC 组 T 和 FT 含量均降低,而 C 含量升高,提示采用该模型运动大鼠可导致大鼠蛋白质的合成能力下降,而分解能力加强,使机体处于相对疲劳的状态。和 EC 组相比,LPE、MPE、HPE组 T 和 FT 含量随着滴注浓度的升高而呈相关性下降,而 C 含量随着滴注浓度的升高而升高,具有剂量相关性。T 和 FT 含量的下降表示机体蛋白质的合成受到影响,而 C 含量的升高表示蛋白质的分解代谢加强。排除运动的因素外,其机制一方面是因为细颗粒物所携带的毒性物质导致了内分泌的紊乱,另一方面是机体氧化和免疫功能共同改变的结果;同时,在整个反应过程中各组织的代谢产物间的相互作用影响整体的内分泌功能。这种影响的机制主要是细颗粒物上携带的某些化学物质具有环境激素的功能,它们通过模拟和拮抗内源性激素的功能、介入内源性激素的生物反应,从而影响生物体的内分泌系统。当内源性激素受体结构与相似的环境化学物质结合时,就会产生两种迥然相异的效果:一种是使内源性激素作用受到强化并超过正常范围,从而表现为内源性激素亢进效应,本实验中 T 和 FT 含量的升高或许就属于这种作用类型;另一种则是内源性激素拮抗效应,主要表现为阻断内源性激素与受体的结合,在本实验中主要表现为 C 含量的升高。

补充 Zn-MT 后,和其对应的 LPE、MPE、HPE 组比较,T 和 FT 含量呈恢复性上升,而 C 含量表现出下降,表明了 Zn-MT 对内分泌功能具有积极的调节作用,在机体的应激保护反应过程中具有重要的生物学作用,这也提示机体激素代谢的变化是 Zn-MT 应激保护的机制之一。

本章仅针对细颗粒物及 Zn-MT 对运动大鼠有限的内分泌指标进行了研究,但是关于环境与内分泌的影响却不仅仅限于此。因此探索环境内分泌干扰物的毒理学效应,包括内分泌与其他系统之间的关系及其机制的研究,生物标识方法以及技术的研究,对改进或探索环境生态毒理学对运动机体的影响,评价环境内分泌干扰物的暴露和危害都具有重要的意义。

第四节 本章小结

运动组和安静组相比，Cu^{2+} 和 Mg^{2+} 浓度均降低，Ca^{2+}、Na^+、K^+ 浓度均升高，T 和 FT 含量均降低，C 含量升高。

不同浓度细颗粒物组和运动组相比，各离子浓度的影响表现出差异性，其中 Cu^{2+}、Mg^{2+}、Na^+、K^+ 浓度随着滴注浓度的增加而增加，呈现出剂量相关性，而 Ca^{2+} 浓度表现出波浪形变化，即在 LPE 和 MPE 组中下降，在 HPE 组中升高；滴注细颗粒物后 T 和 FT 含量随着滴注剂量的升高而呈相关性下降，差异有统计学意义，而 C 含量随着滴注剂量的升高而升高，具有剂量相关性。

补充 Zn-MT 后各离子出现恢复性变化，T 和 FT 含量上升，而 C 含量下降。

第八章

结论与主要创新点

第一节 结 论

细颗粒物滴注之后大鼠行为学出现异常,卒中指数评分和神经病学症状评分随着细颗粒物浓度的升高而增加,呈现出剂量-反应关系;在补充 Zn-MT 后可以改善大鼠的行为学特征。

大鼠运动造成血清和组织中抗氧化酶活性降低,在细颗粒物滴注后所有组织酶活性均降低且呈剂量相关性,补充 Zn-MT 后,抗氧化酶活性回升,但在 24 小时恢复后却出现了在不同组织中升高或降低的情况。运动和细颗粒物滴注可以使各组织中 MDA 及活性氧含量升高,而 24 小时恢复及补充 Zn-MT 可以降低自由基生成。

细颗粒物对机体的免疫能力产生负面影响,且大部分器官出现明显剂量相关效应性变化趋势,Zn-MT 可以减轻由于细颗粒物造成的损伤,恢复 24 小时后机体免疫能力也有一定的恢复。

一次性递增负荷运动可以降低无氧代谢酶活性而使有氧代谢酶活性升高,细颗粒物可以使无氧代谢酶和有氧代谢酶活性均降低,补充 Zn-MT 可以缓解细颗粒物引起的酶损伤。

细颗粒物可以造成机体组织的离子和内分泌功能紊乱,其中

Cu^{2+}、Mg^{2+}、Na^+、K^+浓度升高,呈现出剂量相关性,而Ca^{2+}浓度表现出波浪形变化,即在 LPE 和 MPE 组中下降,在 HPE 组中升高;使不同的血清激素出现升高或降低的变化。

第二节　主要创新点

本书的主要创新工作表现如下:

(1)研究了体育馆内细颗粒物对运动大鼠行为及运动能力的影响,为运动环境-行为结果-机体反应关系评价提供了实验依据。

(2)通过细颗粒物暴露对血清、心脏、肝脏、肾脏、股四头肌氧化与抗氧化-免疫-内分泌-无机离子等多组织、多指标的研究,全面评价了细颗粒物对机体的影响应激-反应的机理。

(3)研究自然恢复、Zn-MT 补充对细颗粒物和运动造成机体各组织损伤的拮抗效应,为探索减缓环境污染对人体健康危害的生物标记物和生物、物理手段提供理论依据。

第三节　未来研究方向

在本书的实验中,由于实验条件、实验对象等原因,对于一些问题未能深入地研究与探讨,以后可以从以下几个方面开展研究:

(1)由于本次实验只是从整体上讨论细颗粒物对运动大鼠部分生化指标的影响,而未对细颗粒物的组成成分进行分析,在以后的研究中,会弥补这方面的不足,从而更深一步解释细颗粒物对机体健康影响的机制。

(2)在实验动物的分组、训练的模型选取、细颗粒物剂量的选择、Zn-MT 补充剂量的设置、运动后恢复时间段的设定可以进行更加细致的划分,这样将更好地研究运动主体在运动模式、运动量及运动强度、细颗粒物浓度-反应关系不同时对环境污染的承受阈值。

（3）本研究以体育场馆内细颗粒物为试验样品，在以后的研究中，可以将室外的采样和室内采样结合起来，比较不同来源细颗粒物对研究对象的健康效应是否有差别，从而更加全面地评定细颗粒物对机体健康的影响。

参考文献

[1]周利.室内颗粒物的环境化学特征、来源识别及风险评价[D].合肥:中国科学技术大学,2022.

[2]HINDS W C. Aerosol technology:Properties,behavior,and measurement of airborne particles[M]. New York:John Wiley & Sons Inc,1999.

[3]CHAN C K,YAO X H. Air pollution in mega cities in China[J]. Atmospheric Environment,2008,42(1):1 - 42.

[4]ABT E,SUH H H,ALLEN G,et al. Characterization of indoor particle sources a study conducted in the metropolitan Boston area [J]. Environmental Health Perspectives,2000,108(1):35 - 44.

[5]NAZAROFF W. Indoor particle dynamic[J]. Indoor Air,2004,14(7):175 - 183.

[6]MORAWSKA L,HE C,HICHINS J. The relationship between indoor and outdoor airborne particles in the residential environment [J]. Atmospheric Environment,2001,35(20):3463 - 3473.

[7]MONTERO D,ROBERTS C K,VINET A. Effect of aerobic exercise training on arterial stiffness in obese populations[J]. Sports Medicine,2014,44(6):833 - 843.

[8] 张碧云. 西安市南郊大气 PM$_{2.5}$ 及其重金属元素污染特征研究 [D]. 西安:西安建筑科技大学,2011.

[9] 史纯珍,毛旭,韩茜,等. 气相色谱-质谱联用技术分析大气细颗粒物对小鼠肺组织代谢轮廓的影响[J]. 分析化学,2017,45(8):1116 - 1122.

[10] THATEHER T L, LAYTON D W. Deposition, resuspension, and penetration of particles within a residence[J]. Atmospheric Environment,1995,29(13):1487 - 1497.

[11] 王超,张霖琳,刀谞,等. 京津冀地区城市空气颗粒物中多环芳烃的污染特征及来源[J]. 中国环境科学,2015,35(1):1 - 6.

[12] 卢秀玲,张馨如,邓芙蓉,等. 气管滴注大气可吸入颗粒物对大鼠的系统性氧化应激作用[J]. 北京大学学报(医学版),2011,43(3):352 - 355.

[13] 王荣,李嘉瑞,曹珊珊,等. 气管滴注大气细颗粒物构建大鼠慢性阻塞性肺疾病模型[J]. 中国病理生理杂志,2022,38(4):665 - 671.

[14] 罗青平. 室内空气品质对生物体的血液流变学参数的影响[J]. 重庆理工大学学报(自然科学),2010,24(3):24 - 27.

[15] GOODKIND A L, TESSUM C W, COGGINS J S, et al. Fine-scale damage estimates of particulate matter air pollution reveal opportunities for location-specific mitigation of emissions[J]. Proceedings of the National Academy of Sciences of the United States of America,2019,116(18):8775 - 8780.

[16] FENG S L, GAO D, LIAO F, et al. The health effects of ambient PM$_{2.5}$ and potential mechanisms [J]. Ecotoxicology and Environmental Safety,2016,128:67 - 74.

[17] ZHANG J W, CHEN Z, SHAN D, et al. Adverse effects of exposure to fine particles and ultrafine particles in the environment on different organs of organisms [J]. Journal of Environmental

Sciences,2023,135:449 - 473.

[18]HORII Y,NAGAI K,NAKASHIM T,et al. Order of exposure to pleasant and unpleasant odors affects autonomic nervous system response[J]. Behavioural Brain Research,2013,243:109 - 117.

[19]BRAVO M A,FANG F,HANCOCK D B,et al. Long-term air pollution exposure and markers of cardiometabolic health in the National Longitudinal Study of Adolescent to Adult Health (Add Health)[J]. Environment International,2023,177.

[20]MILLS N L,DONALDSON K,HADOKE P W,et al. Adverse cardiovascular effects of air pollution [J]. Nature Clinical Practice Cardiovascular Medicine,2009,6(1):36 - 44.

[21]LUAN M X,ZHANG TL,LI X Y,et al. Investigating the relationship between mass concentration of particulate matter and reactive oxygen species based on residential coal combustion source tests [J]. Environmental Research,2022,212.

[22]ZHANG Z,WU L,CUI T L,et al. Oxygen sensors mediated HIF-1αaccumulation and translocation:A pivotal mechanism of fine particles-exacerbated myocardial hypoxia injury [J]. Environmental Pollution,2022,300.

[23]马建新,李运田,周益锋. 可吸入颗粒物对大鼠心脏交感神经分布的影响[J]. 中国预防医学杂志,2008,9(9):803 - 806.

[24]LIU X,MENG Z. Effects of airborne fine particulate matter on antioxidant capacity and lipid peroxidation in multiple organs of rats[J]. Inhalation Toxicology,2005,17(9):467 - 473.

[25]OBERDORSTER G,SHARP Z,ATUDOREI V,et al. Translocation of inhaled ultrafine particles to the brain[J]. Inhalation Toxicology,2004,16(6 - 7):437 - 445.

[26]NEMMAR A,HOET P H M,VANQUICKENBORNE B,et al. Passage of inhaled particles into the blood circulation in humans [J]. Circulation,2002,105(4):411 – 414.

[27]覃飞,徐旻霄,瞿超艺,等.空气污染暴露与体育活动:如何保障健康[J].体育科学,2020,40(2):58 – 69.

[28]严玉芳.19 世纪伦敦空气污染对儿童的影响及时人应对举措[J].学术研究,2022(4):122 – 130.

[29]刘志刚,李思铮,江海燕,等.葡萄皮籽提取物对人工细颗粒物诱导的自发性高血压大鼠肺损伤保护作用探究[J].毒理学杂志,2022,36(4):297 – 303.

[30]万征,边波.颗粒物大气污染:独立的心血管病危险因素[J].中国循证心血管医学杂志,2011,3(5):332 – 335.

[31]胡彬,陈瑞,徐建勋,等.雾霾超细颗粒物的健康效应[J].科学通报,2015,60(30):2808 – 2823.

[32] BIN-JUMAH M N, NADEEM M S, GILANI S J, et al. Novelkaraya gum micro-particles loaded Ganoderma lucidum polysaccharide regulate sex hormones, oxidative stress and inflammatory cytokine levels in cadmium induced testicular toxicity in experimental animals[J]. International Journal of Biological Macromolecules,2022,194:338 – 346.

[33]宋和佳,程义斌,李永红,等.气温和大气颗粒物对哈尔滨市人群死亡影响的交互作用[J].环境卫生学杂志,2021,11(4):318 – 325.

[34]易建华,吴晓芳,王丽云,等.PM$_{2.5}$对呼吸系统疾病的影响及其机制的研究进展[J].西安交通大学学报(医学版),2019,40(1):167 – 172.

[35]杨洁,邓建军,刘靳波,等.PM$_{2.5}$的肺毒性机制研究进展[J].环境与职业医学,2016,33(6):615 – 619.

[36]张文丽,徐东群,崔九思.空气细颗粒物(PM$_{2.5}$)污染特征及其毒性机制的研究进展[J].中国环境监测,2002,18(1):59 - 63.

[37]张衍燊,杨敏娟,潘小川.空气颗粒物与人群死亡率暴露-反应关系的特征[J].环境与健康杂志,2007,20(10):830 - 833.

[38]DOWD P F,NAUMANN T A,JOHNSON E T,et al. Potential role of a maize metallothionein gene in pest resistance[J]. Plant Gene,2023,34.

[39]HUANG Y-C T,LI Z W,CARTER J D,et al. Fine ambient particles induce oxidative stress and metal binding genes in human alveolar macrophages [J]. American Journal of Respiratory Cell and Molecular Biology,2009,41(5):544 - 552.

[40]谢晴.镉胁迫下黑点青鳉金属硫蛋白基因性别差异性表达及其应用研究[D].厦门:国家海洋局第三海洋研究所,2016.

[41]宁凤,傅俊江,陈汉春.金属硫蛋白及其生物学功能[J].中国生物化学与分子生物学报,2017,33(9):893 - 899.

[42]燕艳,季志会,杜伟,等.金属硫蛋白应用研究进展[J].东北农业大学学报,2010,41(7):150 - 154.

[43]刘颖,纪超,吴伟康.金属硫蛋白介导附子多糖对缺氧复氧心肌细胞的保护[J].中国实验方剂学杂志,2012,18(4):172 - 175.

[44]吴峻,茆一鸣,刘漫萍,等.重金属 Cd^{2+} 对土壤跳虫 Folsomia candida 金属硫蛋白 mRNA 转录水平诱导的研究[J].生态环境学报,2017,26(5):890 - 895.

[45]GE D L,ZHANG L,LONG Z H,et al. A novel biomarker for marine environmental pollution:A metallothionein from Mytilus coruscus[J]. Aquaculture Reports,2020,17.

[46]MA L,WANG W X. Subcellular metal distribution in two deep-sea mollusks:Insight of metal adaptation and detoxification near

hydrothermal vents[J]. Environmental Pollution,2020,266.

[47]AHMED A R,VUN-SANG S,IQBAL M. Therapeutic role of nitroglycerin against copper-nitrilotriacetate induced hepatic and renal damage[J]. Human & Experimental Toxicology,2022,41.

[48]KHERADMAND F,NOURMOHAMMADI I,AHMADI-FAGHIH M A,et al. Zinc and low-dose of cadmium protect sertoli cells against toxic-dose of cadmium:The role of metallothionein[J]. International Journal of Reproductive BioMedicine,2013,11(6):487 – 494.

[49]楼秀余.金属硫蛋白对人类电磁辐射的防护作用[J].科技传播,2012(1):76 – 77.

[50]张玲羽,高山凤,李如风,等.慢性心理应激通过调控生殖内分泌系统引起雄性生殖受损的研究进展[J].中国优生与遗传杂志,2022,30(4):533 – 541.

[51]赵敏,张纪岩.慢性心理应激与免疫[J].中国免疫学杂志,2017,33(7):961 – 966.

[52]陈月洪,严丽莎,寿逸凯,等.环境 $PM_{2.5}$ 致神经系统损伤机制研究进展[J].中国药理学与毒理学杂志,2019,33(7):550 – 558.

[53]王紫玉,李宜波,徐彤,等.大气 $PM_{2.5}$ 致大鼠心血管急性损伤及其机制研究[J].环境与健康杂志,2018,35(11):962 – 965.

[54]FIELDER E,VON ZGLINICKI T,JURK D. The DNA damage response in neurons:Die by apoptosis or survive in a senescence-like state？[J].Journal of Alzheimer's Disease,2017,60(s1):1 – 25.

[55]李志坤,初海平,王福文.大鼠运动应激性胃溃疡模型的建立以及苦苣总黄酮的预防作用[J].胃肠病学,2015,20(1):14 – 18.

[56]李国樑,曾丽海,郑杰蔚,等.五味子甲素对慢性不可预知温和刺激大鼠抑郁行为的影响及其机制[J].中国药学杂志,2018,53(15):1273 – 1279.

[57] 屠云洁,苏一军,张学余,等.雏鹅冷应激反应中 HPA、HPT 轴应激激素相关基因表达调控规律[J].家畜生态学报,2011,32(5): 14 - 20.

[58] LACORTE L M, RINALDI J C, JUSTULIN JR L A, et al. Cadmium exposure inhibits MMP2 and MMP9 activities in the prostate and testis[J]. Biochemical and Biophysical Research Communications,2015,457(4):538 - 541.

[59] KUANG X B M,SCOTT J A,DA ROCHA G O,et al. Hydroxyl radical formation and soluble trace metal content in particulate matter from renewable diesel and ultra low sulfur diesel in at-sea operations of a research vessel[J]. Aerosol Science and Technology,2017,51(2):147 - 158.

[60] XU Y, YANG L L, WANG X P, et al. Risk evaluation of environmentally persistent free radicals in airborne particulate matter and influence of atmospheric factors[J]. Ecotoxicology and Environmental Safety,2020,196.

[61] LAGERQVIST A, HÅKANSSON D, FRANK H, et al. Structural requirements for mutation formation from polycyclic aromatic hydrocarbon dihydrodiol epoxides in their interaction with food chemopreventive compounds[J]. Food and Chemical Toxicology, 2011,49(4):879 - 886.

[62] Yadav S, Jan R, Roy R, et al. Role of metals in free radical generation and genotoxicity induced by airborne particulate matter(PM2.5)from Pune(India)[J]. Environmental Science and Pollution Research,2016,23(23):23854 - 23866.

[63] WU Y L, MONFORT O, DONG W B, et al. Enhancement of iron-mediated activation of persulfate using catechin: From

generation of reactive species to atenolol degradation in water [J]. Science of the Total Environment, 2019, 697.

[64] 徐旻霄. 间歇运动对 $PM_{2.5}$ 暴露致 Wistar 大鼠心脏损伤的影响及其机制研究[D]. 上海:上海体育学院,2021.

[65] 李胜昆,程道宾. m^6A 甲基化修饰在动脉粥样硬化中的作用[J]. 中国动脉硬化杂志,2023,31(3):271-276.

[66] KARTHIKEYAN S, THOMSON E M, KUMARATHASAN P, et al. Nitrogen dioxide and ultrafine particles dominate the biological effects of inhaled diesel exhaust treated by a catalyzed diesel particulate filter [J]. Toxicological Sciences, 2013, 135 (2):437-450.

[67] 周艳丽,劳文艳,阮研硕,等. 阿魏酸拮抗大气 $PM_{2.5}$ 对大鼠肺的损伤作用[J]. 食品科学,2017,38(1):244-251.

[68] AZAM S, KURASHOV V, GOLBECK J H, et al. Comparative 6+studies of environmentally persistent free radicals on nano-sized coal dusts[J]. Science of the Total Environment, 2023, 878.

[69] 李峰. 补充锌-金属硫蛋白对大鼠血清微量元素动态及抗氧化酶活性的影响[J]. 武汉体育学院学报,2010,44(12):58-61.

[70] 徐大琴. 沙尘暴 $PM_{2.5}$ 的毒理学效应及对人群的健康效应研究[D]. 兰州:兰州大学,2008.

[71] 唐大镜,孙成瑶,陈凤格,等. 我国大气 $PM_{2.5}$ 化学成分对人群健康影响的研究进展[J]. 环境与职业医学,2022,39(8):942-948.

[72] CHENG J C P, KWOK H H L, LI A T Y, et al. Sensitivity analysis of influence factors on multi-zone indoor airflow CFD simulation[J]. Science of the Total Environment, 2021, 761.

[73] AN R P, KANG H J, CAO L Z, et al. Engagement in outdoor physical activity under ambient fine particulate matter

pollution：A risk-benefit analysis [J]. Journal of Sport and Health Science,2022,11(4):537－544.

[74]夏世钧,吴中亮.分子毒理学基础[M].武汉:湖北科学技术出版社,2001.

[75]牛淼.复方中药制剂对运动性疲劳大鼠血清 BLA、下丘脑 5-HT 及海马 NOS 活性影响研究[J].临床医药文献电子杂志,2017,4(11):2155,2157.

[76]李兴太,张春英,仲伟利,等.活性氧的生成与健康和疾病关系研究进展[J].食品科学,2016,37(13):257－270.

[77]GOLKA K，ROEMER H C，WEISTENHÖFER W，et al. N-acetyltransferase 2 and glutathione S-transferase M1 in colon and rectal cancer cases from an industrialized area[J]. Journal of Toxicology and Environmental Health, Part A, 2012, 75 (8－10):572－581.

[78]张明发,高建华,沈雅琴.女贞子及其活性成分的骨骼肌药理作用研究进展[J].药物评价研究,2017,40(4):571－576.

[79]ALI A A,SULTAN P. The effects of hyperthyroidism on lipid peroxidation,erythrocyte glutathione and glutathione peroxidase [J]. Journal of Medical Biochemistry,2011,30(1):11－14.

[80]杨晓磊,刘亮,龚玉根,等.运动疲劳与氧化应激[J].中国中医药现代远程教育,2020(18):88－91.

[81]HUANG X H，LI Y X，PAN J M，et al. RNA-Seq identifies redox balance related gene expression alterations under acute cadmium exposure in yeast[J]. Environmental Microbiology Reports,2016,8(6):1038－1047.

[82]闵远骞,李姗,刘湘花,等.活性氧/活性氮与 NF-κB 信号通路级联交互在肝纤维化中的作用[J].临床肝胆病杂志,2023,39(6):

1454 – 1460.

[83]CKLESS K,HODGKINS S R,ATHER J L,et al. Epithelial, dendritic, and CD4 (＋) T cell regulation of and by reactive oxygen and nitrogen species in allergic sensitization [J]. Biochimica et Biophysica Acta-General Subjects, 2011, 1810 (11):1025 – 1034.

[84]李进华.耐力训练对大鼠心肌组织 SOD 同工酶活性和 mRNA 表达的影响[J].沈阳体育学院学报,2015,34(2):87 – 91.

[85]TANG T,GMINSKI R,KÖNCZÖL M,et al. Investigations on cytotoxic and genotoxic effects of laser printer emissions in human epithelial A549 lung cells using an air/liquid exposure system[J]. Environmental and Molecular Mutagenesis,2012,53 (2):125 – 135.

[86]WANG X F,DAUKORU S M,TORKAMANI S,et al. Role of exhaust gas recycle on submicrometer particle formation during oxy-coal combustion [J]. Proceedings of the Combustion Institute,2013,34(2):3479 – 3487.

[87]唐建勋.水环境重金属污染对水生动物的生态效应[J].科技风, 2009(21):219.

[88]AI-YOUSUF M H,EI – SHAHAWI M S. Trace metal in liver, skin and muscle of Lethrinus lentjan fish species in relation to body length and sex[J]. Science of the Total Environment, 2000,256(2 – 3):87 – 94.

[89]何婧雯,熊海容,王靖,等.金属硫蛋白的研究现状及进展[J].农产品加工,2019(17):72 – 75.

[90]李停停,宗婧婧,高学慧,等.金属硫蛋白的研究进展[J].安徽农业科学,2018,46(25):15 – 18.

[91]史志明,徐莉,胡锋.蚯蚓生物标记物在土壤生态风险评价中的应用[J].生态学报,2014,34(19):5369－5379.

[92]刘阳,彭翠,吴彦辰,等.盐穗木金属硫蛋白 HcMT 的体外自由基清除活性及抗氧化能力[J].中国生物工程杂志,2022,42(9):17－26.

[93]庄红.运动抗衰老促进老年体育科技发展研究[J].体育世界(学术版),2019(10):167.

[94]NTI A A A,ROBINS T G,ARKO-MENSAH J. Personal exposure to particulate matter and heart rate variability among informal electronic waste workers at Agbogbloshie:A longitudinal study[J]. BMC Public Health,2021,21(1).

[95]刘超斌,李快乐,谢熙,等.出生后大气细颗粒物吸入暴露对幼鼠部分免疫指标的影响及其作用机制[J].中国免疫学杂志,2020,36(24):2950－2955.

[96]JING W Q,QIN F,GUO X,et al. G-CSF mediates lung injury in mice with adenine-induced acute kidney injury[J]. International Immunopharmacology,2018,63:1－8.

[97]高知义.大气细颗粒物人群暴露的健康影响及遗传易感性研究[D].上海:复旦大学,2010.

[98]MUKHARESH L,PHIPATANAKUL W,GAFFIN J M. Air pollution and childhood asthma[J]. Current Opinion in Allergy and Clinical Immunology,2023,23(2):100－110.

[99]BONIARDI L,BORGHI F,STRACCINI S,et al. Commuting by car, public transport, and bike:Exposure assessment and estimation of the inhaled dose of multiple airborne pollutants [J]. Atmospheric Environment,2021,262.

[100]VAN WIJINEN J H,VERHOEFF A P,JANS H W A,et al. The exposure of cyclists,car drivers and pedestrians to traffic-related air

pollutants［J］. International Archives of Occupational and Environmental Health,1995,67(3):187 - 193.

[101]JO S, NA H G, BAE C H, et al. Saponin attenuates diesel exhaust particle(DEP)-induced MUC5AC expression and pro-inflammatory cytokine upregulation via TLR4/TRIF/NF-κB signaling pathway in airway epithelium and ovalbumin(OVA)-sensitized mice[J]. Journal of Ginseng Research,2022,46(6): 801 - 808.

[102]朱雪,李珂,陈宪海,等. 玉屏风散对煤烟相关可吸入颗粒物致肺损伤模型小鼠免疫功能的干预作用[J]. 中国实验方剂学杂志,2018,24(8):103 - 109.

[103]COSTA D L, LEHMANN J R, WINSETT D, et al. Comparative pulmonary toxicological assessment of oil combustion particles following inhalation or instillation exposure［J］. Toxicological Sciences,2006,91(1):237 - 246.

[104]潘坤,赵金镯. 运动对 $PM_{2.5}$ 所致小鼠细胞免疫功能改变的影响[J]. 上海预防医学,2020,32(4):294 - 298.

[105]邱勇,张志红. 大气细颗粒物免疫毒性研究进展[J]. 环境与健康杂志,2011,28(12):1117 - 1120.

[106]陈宝英,官成浓. MCP-1 及 HIF-1 与肿瘤血管生成关系的研究进展[J]. 医学研究杂志,2010,39(2):27 - 30.

[107]RAZA S, RAJAK S, TEWARI A, et al. Multifaceted role of chemokines in solid tumors:From biology to therapy［J］. Seminars in Cancer Biology,2022,86(3):1105 - 1121.

[108]BANCHEREAU J,BRIERE F,CAUX C,et al. Immunobiology of dendritic cells[J]. Annual Review of Immunology,2000,18: 767 - 811.

[109] KAYSEN G A, MüLLER H G, YOUNG B S, et al. The influence of patient-and facility-specific factors on nutritional status and survival in hemodialysis[J]. Journal of Renal Nutrition, 2004, 14(2): 72 - 81.

[110] 钟国权, 杨彩娴, 周秀琴, 等. 2 型糖尿病并发心血管病变患者血清抵抗素和超敏 C 反应蛋白水平变化[J]. 检验医学与临床, 2011, 8(18): 2177 - 2178.

[111] PURUSHOTHAMAN A K, NELSON E J R. Role of innate immunity and systemic inflammation in cystic fibrosis disease progression[J]. Heliyon, 2023, 9(7).

[112] POURMANAF H, HAMZEHZADEH A, NIKNIAZ L. The effect of physical preparedness levels on serum levels of CC16, SP-D and lung function in endurance runners[J]. Science & Sports, 2020, 35(4): 223 - 227.

[113] KROPSKI J A, FREMONT R D, CALFEE C S, et al. Clara cell protein(CC16), a marker of lung epithelial injury, is decreased in plasma and pulmonary edema fluid from patients with acute lung injury[J]. Chest, 2009, 135(6): 1440 - 1447.

[114] 王海龙, 王春芳, 田树华, 等. 被动吸烟对大鼠肺组织 Clara 细胞及 CC16 的影响[J]. 环境与健康杂志, 2007, 24(10): 774 - 777.

[115] TANZI M C, FARÈ S, CANDIANI G, et al. Interactions between biomaterials and the physiological environment[M]//TANZI M C, FARÈ S, CANDIANI G, et al. Foundations of Biomaterials Engineering. New York: Academic Press, 2019: 329 - 391.

[116] WYMAN T H, BJORNSEN A J, ELZI D J, et al. A two-insult in vitro model of PMN-mediated pulmonary endothelial damage: Requirements for adherence and chemokine release

[J]. American Journal of Physiology – Cell Physiology, 2002, 283(6):C1592 – 1603.

[117]刘依林,王博,高玉丹,等.医学免疫学在线课程的现状与发展策略[J].基础医学教育,2023,25(5):431 – 433.

[118]PANG Y T, HUANG W J, LUO X S, et al. In-vitro human lung cell injuries induced by urban $PM_{2.5}$ during a severe air pollution episode:Variations associated with particle components [J]. Ecotoxicology and Environmental Safety, 2020,206.

[119]徐亚飞,廉荣镇,唐琼梅.脑性瘫痪患儿 CT 表现及血清髓鞘碱性蛋白、神经胶质纤维酸性蛋白、白细胞介素 – 6 水平变化[J].中国临床医生杂志,2021,49(6):734 – 736.

[120]RIVA A, GRAY E H, AZARIAN S, et al. Faecal cytokine profiling as a marker of intestinal inflammation in acutely decompensated cirrhosis[J]. JHEP Reports,2020,2(6).

[121]YU M,ZHENG X M,WITSCHI H,et al. The role of Interleukin-6 in pulmonary inflammation and injury induced by exposure to environmental air pollutants[J]. Toxicological Sciences, 2002, 68(2):488 – 497.

[122]张文丽,崔九思,戚其平,等.细颗粒物污染及对炎性因子 IL-6 表达的影响[J].卫生研究,2003,32(6):548 – 552.

[123]KOGA Y,HISADA T,ISHIZUKA T,et al. CREB regulates TNF-α-induced GM-CSF secretion via p38 MAPK in human lung fibroblasts[J]. Allergology International,2016,65(4):406 – 413.

[124]SALZANO D, GRIERSON C J, MARUCCI L, et al. Controlling gene expression in microbial populations using a multicellular architecture[J]. IFAC-Papers On Line,2022,55(23):167 – 168.

[125]PATHMANATHAN S,KRISHNA M T,BLOMBERG A,et al. Repeated daily exposure to 2 ppm nitrogen dioxide upregulates the expression of IL-5, IL-10, IL-13, and ICAM-1 in the bronchial epithelium of healthy human airways［J］. Occupational & Environmental Medicine,2003,60(11):892 - 896.

[126]何生,杨桂姣,孟华,等. 力竭游泳运动后大鼠杏仁体 NF-κB、IL-1β的表达[J]. 神经解剖学杂志,2010,26(6):604 - 608.

[127]PIZZI M,SARNICO I,LANZILLOTTA A,et al. Post-ischemic brain damage:NF-kappa B dimer heterogeneity as a molecular determinant of neuron vulnerability[J]. FEBS Journal,2009, 276(1):27 - 35.

[128]HARTING M T,JIMENEZ F,ADAMS S D,et al. Acute,regional inflammatory response after traumatic brain injury:implications for cellular therapy[J]. Surgery,2008,144(5):803 - 813.

[129]ZHANG W,POTROVIT A I,TARABIN V,et al. Neuronal activation of NF-kappa B contributes to cell death in cerebral ischemia[J]. Journal of Cerebral Blood Flow and Metabolism, 2005,25(1):30 - 40.

[130]姜智海,宋伟民. 核转录因子- kappa B 在 $PM_{2.5}$染毒小鼠急性肺损伤中的作用[J]. 环境与职业医学,2005,22(6):483 - 485.

[131]ZORITA I, BILBAO E, SCHAD A, et al. Tissue-and cell-specific expression of metallothionein genes in cadmium and copper-exposed mussels analyzed by in situ hybridization and RT-PCR[J]. Toxicology and Applied Pharmacology,2007,220 (2):186 - 196.

[132] CANDELARIO-JALIL E, TAHERI S, YANG Y, et al. Cyclooxygenase inhibition limits blood-brain barrier disruption

following intracerebral injection of tumor necrosis factor-alpha in the rat[J]. Journal of Pharmacology and Experimental Therapeutics,2007,323(2):488-498.

[133]KOLA B,HUBINA E,TUCCI S A,et al. Cannabinoids and ghrelin have both central and peripheral metabolic and cardiac effects via AMP-activated protein kinase[J]. Journal of Biological Chemistry,2005,280(26):25196-25201.

[134]漆正堂,郭维,张媛,等.不同训练方式对静息骨骼肌糖酵解能力及线粒体 PDK4、CPT-1 基因转录的影响[J].体育科学,2009,29(3):38-42.

[135]隋波,姜萍.跑台训练对大鼠糖酵解、有氧氧化供能系统限速酶影响的实验研究[J].山东体育学院学报,2009,25(8):54-57.

[136]SO R,ANDERSEN Z J,CHEN J,et al. Long-term exposure to air pollution and mortality in a Danish nationwide administrative cohort study:Beyond mortality from cardiopulmonary disease and lung cancer[J]. Environment International,2022,164.

[137]DEFLORIO-BARKE S,ZELASKY S,PARK K,et al. Are the adverse health effects of air pollution modified among active children and adolescents? A review of the literature[J]. Preventive Medicine,2022,164.

[138]时彦玲,邓林红.细颗粒物对气道的病理作用及其与哮喘病理机制的关系[J].医用生物力学,2013,28(2):127-134.

[139]刘晓莉,宋宪强,乔德才.大气污染对户外体育锻炼人群心肺功能的影响[J].中国运动医学杂志,2007,26(6):692-695.

[140]李峰,石辉.锌金属硫蛋白对 $PM_{2.5}$ 暴露的运动大鼠血清抗氧化酶及免疫指标的影响[J].环境科学学报,2012,32(2):465-471.

[141]尹士优,庞立杰,张安民,等.过度训练后大鼠血清 cTnⅠ、CK-MB

和 TNF-α 变化及丹参的干预效应[J]. 中国运动医学杂志,2008,27(3):354-356.

[142]肖国强. 对乳酸在肌肉疲劳中作用的再认识[J]. 体育科学,2007,27(9):92-94.

[143]XU X H,LIU C Q,XU Z B,et al. Long-term exposure to ambient fine particulate pollution induces insulin resistance and mitochondrial alteration in adipose tissue[J]. Toxicological Sciences,2011,124(1),88-98.

[144]曲伸,崔文洁. 环境内分泌与糖代谢异常和内分泌紊乱[J]. 中华临床医师杂志(电子版),2013,7(8):3229-3231.

[145]WOO H A,YIM S H,SHIN D H,et al. Inactivation of peroxiredoxin I by phosphorylation allows localized H_2O_2 accumulation for cell signaling[J]. Cell,2010,140(4):517-528.

[146]CECARINI V,GEE J,FIORETTI E,et al. Protein oxidation and cellular homeostasis:Emphasis on metabolism[J]. Biochimica et Biophysica Acta(BBA)-Molecular Cell Research,2007,1773(2):93-104.

[147]吴庆悦,杨玲,林文弢. 锌营养与运动能力[J]. 中国体育教练员,2021,29(3):16-18.

[148]LUKASKI H C. Magnesium,zinc,and chromium nutriture and physical activity[J]. American Journal of Clinical Nutrition,2000,72(2):585-593.

[149]赵建,丁日高. 肺损伤性毒剂的医学对抗策略研究进展[J]. 中国工业医学杂志,2014,27(5):349-352.

[150]赵光,肖德生. 力竭运动对小鼠骨骼肌6种元素含量的影响[J]. 体育学刊,2003,10(6):55-56.

[151]慈钰莹,张伟东,蔺勇,等. 分泌型磷脂酶 PLA2G5 的生物学功

能及其抑制剂研究进展[J].生物化学与生物物理进展,2021,48
(9):1006－1015.

[152]李泽衍,许骁,周雨扬,等.激活下丘脑腹内侧核对心肌缺血再灌
注损伤的影响[J].中国心血管病研究,2021,19(12):1147－1152.

[153]王春晖,侯立军.冲击波致伤时神经-内分泌-炎症系统改变的研
究进展[J].第二军医大学学报,2020,41(5):551－557.

[154]王平.高水平古典式摔跤运动员赛前集训期机能变化特征研究
[J].广州体育学院学报,2019,39(4):99－101.